圖解

絵でわかる10才からのAI入門

10歲就懂的
AI入門

作者 **森川幸人**　譯者 **周子琪**

醫療

家電

前言

近幾年,大家應該時常在電視或新聞、網路上聽到「AI」這個詞彙。實際上,雖然我們大家都知道 AI 這個詞,但是卻不了解它到底是什麼?

本書拋棄了艱深的數學算式,用簡單明瞭的方式引導你了解什麼是 AI?裡頭有什麼樣的構造?可以做什麼?以及與每個人的生活有著什麼樣的關聯性?

現今的社會,每個人都知道「電腦」及「網路」,相信本書的讀者群中,應該也有許多人是這方面的高手。

農業

第 1 章　AI 是什麼？

健康

　　「電腦」及「網路」儼然已經成為我們生活中不可缺少的工具與系統，任何人都能從中受益，並且有效地運用這些工具，讓自己的生活變得方便又舒適。

　　而「AI」也是其中的工具之一。無論是上班時，或是平常生活時，「AI」已逐漸成為任何人都能使用且能幫助我們處理事務的好幫手，詳細的細節我將會依序在後面的篇幅跟大家說明。

汽車

遊戲

目次

前言……2

第 1 章　AI 是什麼？……7

第 2 章　AI 與人類的思維模式……23

第 3 章　AI 與人類各自擅長及不擅長的事……53

第 4 章　AI 與遊戲……75

第 5 章　AI 與機器人……97

第 6 章　AI 與汽車……107

第 7 章　AI 與智慧城市……121

第 8 章　AI 與醫療……135

第 9 章　AI 與新聞……143

第 10 章　AI 與教育……149

第 11 章　其他領域……155

第 12 章　AI 與藝術……167

第 13 章　未來的 AI 和人類……175

第 14 章　為什麼我們必須了解 AI 呢？……183

一起來體驗 AI 的學習方法吧！……188
後記……190

2022 年本書內容受著作權法保護。未經版權所有者及 Jam House Co., Ltd 許可，禁止對本書的任何部分或全部內容進行複印、抄寫、轉載、翻譯和轉為電子檔資料。

第 1 章

AI 是什麼？

1-1　AI 的誕生令人驚奇

「AI」是什麼？如果用名詞的定義來說，「AI」是「Artificial Intelligence」一詞的縮寫，意思為「人工智慧」（本書後面的內容將此簡稱為「AI」），換句話說，就如同電腦、機器人或各種機械設備等，不同於我們人類的人造智能設備。

另外，還有較少聽到的「自然智慧」，指的是不同於「人工智慧」的人類生物自然智慧。

近幾年崛起的「AI」一詞，事實上已經擁有六十多年的歷史了。西元 1956 年，美國新罕布夏的達特茅斯學院所舉辦的會議（通稱「達特茅斯會議」）上第一次出現「AI」一詞。因此，「AI」這個詞彙可以說是誕生於西元 1956 年。

AI 冒險學習地圖

好了，往哪一邊走呢？

歡迎進入學習地圖！地圖上有往西邊（左方）和往南邊（下方）兩條路徑。

請選擇一條你喜歡的方向，並翻至那條路徑顯示的頁數。

請翻至第 12 頁

請翻至第 17 頁

※ 本書偶而會在內容頁的下方出現這樣的地圖。這是第 188 頁「一起來體驗 AI 的學習方法吧！」的地圖。

對於讀者而言，西元 1956 年或許並不具任何意義，只覺得那是家中爺爺奶奶生活的古老時代吧！

　　以日本來說，這一年，東京鐵塔剛好開始動工、連接東京車站和神戶車站的東海道本線鐵道列車，也在這一年全部改為電氣列車，也就是新幹線尚未起步時，使用電氣驅動車輛的時代（在那之前，是蒸汽火車時代）。除此之外，對許多上班族家庭而言，是一個夢想家中能夠擁有一台「冰箱、洗衣機、電視」的時代。

　　以現在的角度來看，真的是個很難想像的久遠年代。而「AI」這個詞竟然已經誕生超過一甲子了，實在令人感到意外。

AI 冒險學習地圖

繼續往前進囉！

請翻至第15頁

看起來還能往前走喔！
請朝箭頭的方向前進。

達特茅斯會議

「AI」一詞出自於達特茅斯會議。正確的來說，應是達特茅斯大學的約翰‧麥卡錫為了呼籲召開「思考機器」的會議，而率先於草案書中提出這個詞彙。

達特茅斯會議，並不是短短一、兩個小時就能結束的會議，而是一場持續花費約一個月的共同研究會。人工智慧學者們聚集在達特茅斯大學，大家集思廣益、共同討論：機械是否能擁有人類般的智慧？如何進行研究來實現這些目標？以及所謂的智慧到底是什麼……等的構想。

電腦大約比達特茅斯會議早 10 年出現，這場會議試圖透過電腦（當時屬於最新設備）的演算來實現類人工智慧，可說是一場具有未來前瞻性且大膽的會議。

遺憾的是，當時的電腦性能、對人類智慧的理解以及 AI 的技術等方面，無法做出和人類一樣的學習狀態或是決策，因此，這個議題至今仍舊成為令人著迷且激發人們好奇心的研究主題。

1-2　現今的 AI 是專用型 AI

　　或許你曾聽過一項讓 AI 挑戰東京大學入學考試的研究。這項由國立情報學研究所新井紀子教授帶領的「小東君」研究計畫，是一場集結日本國內多所大學及企業研究人員共同參與的大型專案。這項計畫從西元 2011 年開始，持續到西元 2016 年，以「AI 能考上東京大學嗎？」為目標，致力於讓 AI 取得通過大學入學考試的能力，並且發表了 AI 參加考試中心模擬考的成績。

　　然而，令人遺憾的是，雖然小東君在模擬考中獲得了很好的成績，但卻未能達到進入東京大學的門檻。這個結果意味著，AI 能夠在答題卡作答的方式上拿到好成績，但在面對書寫的題型時，則無法順利的作答。

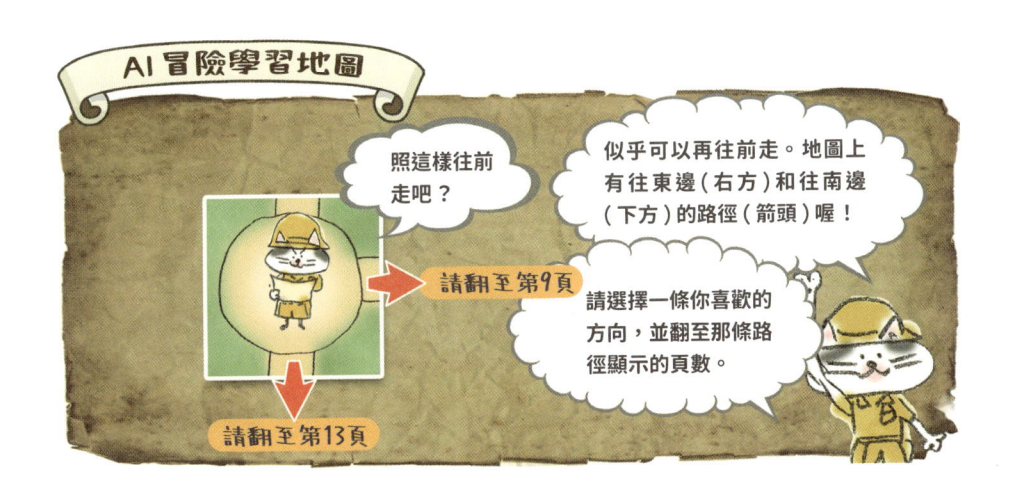

因為以 2022 年 ※ 的 AI 水準來說，無法做到「閱讀」考試文章、「理解」問題內容以及「思考、書寫」回答問題。我將在第三章詳細解釋有關 AI 的架構、弱點、優點。

那麼，未來，升級版的小東君如果能夠閱讀文章，面對問答題時也能夠完美作答，並且具備能夠通過東京大學模擬考的能力時，就能考上東京大學了嗎？答案可能是，不行。

或許大家還沒有過這樣的經歷，不過，大學聯招考試通常就是考試當天必須到你想就讀的學校參加考試。那麼請你試著想像一下自己到東京大學參加考試的情景。參加考試之前，我想你會考慮並且著手

※ 本 2024 年 5 月 13 日，發布 GPT-4o 已突破限制。

第 1 章　AI 是什麼？

準備許多事情，例如考場在哪裡？怎麼去考場？

提前查好路線及搭乘交通工具的方法、預備雨具在下雨時可以用、確認有沒有帶筆記或文具等考試用具、早點出門預防電車誤點、注意身體健康避免考試當天感冒了等，處理各式各樣的狀況。

反過來看，小東君只是能解答東京大學入學測驗問題的 AI。其他如查詢路線、預測天氣、擔憂怎麼搭火車或是擔心火車誤點、甚至在時間來不及時，必須用跑的，這些事情它都不會。因此，實際上，就算小東君的學力擁有通過東京大學門檻的水準，也無法進入東京大學參加考試，換句話說，也就是小東君無法通過入學考試。

AI 冒險學習地圖

請翻至第 8 頁

哇！這裡沒有路了！（請往回走）

嘿！因為前面沒有路了，所以沒辦法前進囉！

請翻至箭頭所指的頁數。

13

要思考好多事情

像解答考試問題，這種只會單一事情的 AI，我們稱之為「專用型 AI」。我們以東京大學入學考試為例，到目前為止，一點就通且能做任何事情，如出門到考場、參加考試、解題的 AI 尚未出現。不過小東君並不是唯一一個專用型 AI。還有例如：會下棋、預測天氣、檢測疾病等，只專注於一件事的專用型 AI。順帶一提，可以做任何事情的 AI 稱為「通用型 AI」，大多數的 AI 研究者最終的目標是創建一個一點就通的「通用型 AI」。

1-3 深度學習 AI 登場與第三次的 AI 熱潮

現階段可說是第三次的 AI 熱潮。過去雖然也曾出現兩次流行熱潮，卻因為 AI 模型出現缺點，使得 AI 的流行熱潮宣告結束。這裡所說的「模型」，指的是 AI 中含有各式各樣類型的意思。（正確來說，「演算法」這個說詞會比「模型」精準，不過，本書為了讓讀者更加容易了解。所以使用了「模型」這個說法）。

用汽車來做解釋可能更加容易理解。汽車的種類，除了一般的小客車以外，還有卡車和跑車，連汽車引擎也有汽油驅動和電動馬達驅動之分。同樣的 AI 也有各式各樣的類型，跟汽車一樣，每種類型都有各自擅長的優點與笨拙之處。

第二次 AI 熱潮在 21 世紀前結束，持續停滯了一段時間，不過人類研究 AI 的活動並未因此而停擺，在西元 2011 年，人類消除了第二代模型的缺點，開發出新的 AI 模型。有些人或許曾經聽過「深度學習」的 AI 模型，它是一支非常優秀的模型，持續到現在都是！現階段，第三次 AI 熱潮出現的原因，正是因為人類確信它能夠對現實生活帶來幫助，且這股熱潮不僅不會結束，還將成為一項席捲全球的技術。

第 1 章　AI 是什麼？

　　「深度學習」模型首度成為熱門話題的起因在於「AI 能夠分辨貓咪的特徵」。專業的「影像辨識技術」可以辨識出影像中顯現出來的是食物、汽車、建築物、人還是動物等的技術。當你在 AI 面前展示各種動物的圖片時，它能夠正確的辨識出哪一張圖片是貓。對我們人類來說，或許這是件很簡單的事。但，對電腦等機械設備而言，卻是件非常困難的事情。

　　辨識物體的能力是各個領域中必須具備的重要技術。如果能夠分辨水果的大小與顏色差異、有沒有腐爛還是碰傷、形狀不良以及知道水果種類等的能力，不僅水果領域需要，其他如辨別人臉、工廠零

件、建築物、X 光片影像分析等，任何領域都需要這樣的技術。也因此對人類而言，AI 是一個需要積極研究及開發的領域。所以，每年都會舉辦辨識物體技術的競賽。

在西元 2012 年，加拿大多倫多大學所開發的深度學習模型參加了全球影像辨識競賽「ILSVRC（Imagenet Large ScaleVisual ReCognition）」後，深度學習模型以優於其他影像辨識技術的精確度以及區分物體的技術，獲得了壓倒性的勝利，並因此受到關注。

早期的影像辨識技術，辨識貓咪的影像時，必須使用貓咪全身的影像或是從正面拍攝與貓咪同等大小的影像才有辦法辨識，但是，深度學習模型不論是從貓咪的部分特寫影像、背面或是拉遠鏡頭拍攝的影像，都能辨識出這些影像就是貓咪。

不侷限於有限的範圍，能夠理解任何形狀或身體部位能力的 AI，在現實作業中非常有用。擁有這種特性的深度學習模型，實用性強且應用範圍很廣，絕對是一項備受注目且具有前瞻性的技術。

現階段，深度學習模型不僅運用於影像區分上，也活躍的運用在各種領域中，例如，從 X 光片找出病理位置、自動駕駛汽車、執行股票交易、繪製插畫等。這些運用的範圍，將會在後面的章節詳細介紹。

第 1 章　AI 是什麼？

就算只給一部分的圖案，AI 也能夠分辨出這是一隻貓。

過去兩次 AI 熱潮結束的原因

第一次 AI 熱潮出現於西元 1957 年，當時所發明的 AI 模型稱為「感知器」。可以說是 AI 的第一代模型。感知器是一種獲得大量像「好的蘋果是紅色的、圓的且帶有甜味的，所以可以吃」、「爛的蘋果是黑色的、表面不平整又帶有臭味的，所以不能吃」的範例數據，就能讓 AI 精準的學習、理解並清楚的分辨出「紅色的」、「圓的」、「帶有甜味的」東西是可以食用的；「表面不平整」、「黑色的」、「帶有臭味的」東西是不可食用的 AI 模型。除了可食用與否之外，也能夠分辨出昂貴、廉價、好的、壞的、大的、小的、正常、異常等，各種情況。當然，前提是我們必須提供每種情況的範例給 AI 模型。而這種提供範例給 AI 模型的動作，則稱為「教學信號」或「教學資料」。

人類發現感知器無法順利學好如何處理現實世界的複雜問題，且無法期望能夠將它運用到社會上。帶著這項大缺點的感知器與第一次 AI 熱潮一同宣告結束。

第1章　AI是什麼？

　　解決感知器缺點後所出現的模型，開啟了第二次 AI 熱潮，稱為「反向傳播演算法」（誤差反向傳播）。

　　你是不是覺得這看起來是一個很難懂的名稱。反向傳播演算法的架構有點難，所以在本書中不會詳細解釋，不過你可以將它看成是進化版的 AI 模型，能夠學習第一代 AI 模型──感知器難以做到的事情。例如，潛水艇會依據海中聽到的各種聲音，判斷這些聲音是來自於海水拍岩石、鯨魚身上發出的，抑或是敵方發射魚雷所產生。在反向傳播演算法出現之前，只有受過訓練的人才能分辨出這些聲音的差異，但是 AI 透過反向傳播演算法已能確實的分辨出來了，只是精準度尚未純熟，所以人類認為無法相信且依賴反向傳播演算法的判斷。也因此，第二次 AI 熱潮在 21 世紀初宣告結束。

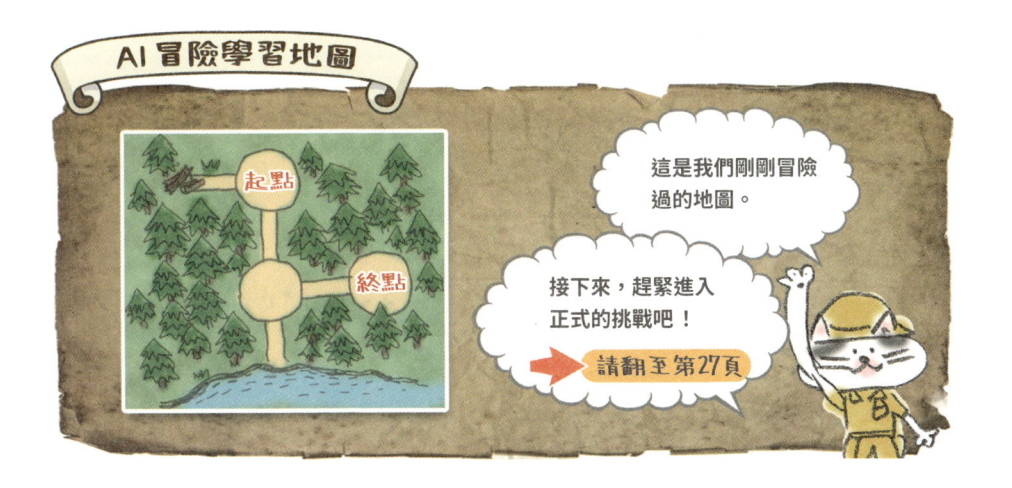

AI 冒險學習地圖

這是我們剛剛冒險過的地圖。

接下來，趕緊進入正式的挑戰吧！

請翻至第27頁

第 2 章

AI 與人類的思維模式

2-1　各式各樣的 AI 模型

　　AI 有許多模型。正如前面章節所解釋的，我們用汽車來聯想會較容易理解。世界上有許多不同類型的汽車，而且每種類型都有自己的優勢。如果你還沒到達可以開車的年紀，可能會無法掌握到重點。我換個方式來說，當你要去約會時，你會選擇一台酷炫的跑車；而當你要搬運行李時，就會選擇卡車。另外，想要減少油錢花費時，就會選擇燃油效率高的油電混合車或電動車；去附近的超商時，則選擇電動滑板車，既方便又不用考慮停車的問題。同樣的，AI 也有著各式各樣的模型，並且各有優勢。

　　我們先來談談 AI 的基礎知識吧！
　　AI 是以生物的大腦結構、進化模式、尋找解決問題的方法等的生物智慧（也就是一開始前面所提到的「自然智慧」）為雛形所設計出來的。
　　這是一個有點複雜的術語，參考人類大腦設計出來的 AI 模型，稱為「神經網路」，以日語來說，意思為「神經網路模型」。我再說得更深入一點，參考生物進化機制，也就是基因演化設計出來的 AI 模型，稱為「基因演算法」。其他還有記住大量有關人類社會的知識、常識、規則的「專家系統」，以及透過反覆執行、測試，找出正

第 2 章　AI 與人類的思維模式

確答案的「強化學習」等，許多種類的模型。而且每個模型之中還有許多不同的形態。就拿汽車來說，電動車種類就分為豐田汽車、日產汽車、馬自達汽車等各種類型。

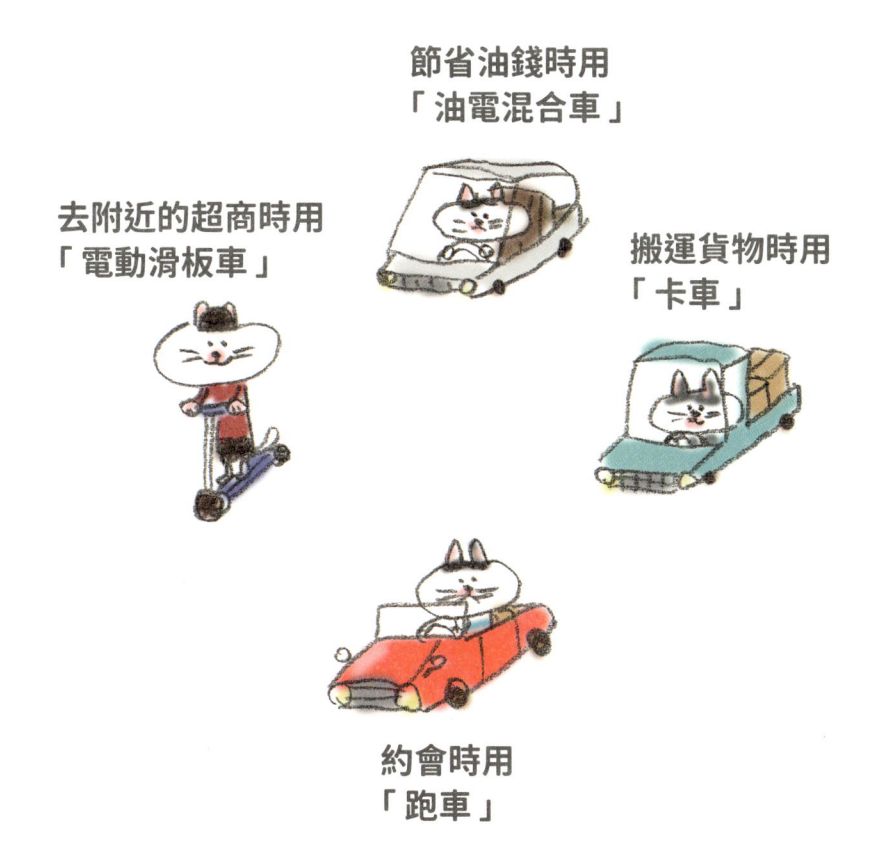

節省油錢時用
「油電混合車」

去附近的超商時用
「電動滑板車」

搬運貨物時用
「卡車」

約會時用
「跑車」

是不是覺得每一個名稱看起來都很難呢?這是因為我們必須了解每個模型的構造才能理解這些名稱。不過,在這裡,我們只要先知道各種 AI 的模型是參考現實的生物構造延伸出來的概念,就夠了。

→ 以**大腦**為模型創造出來的 AI

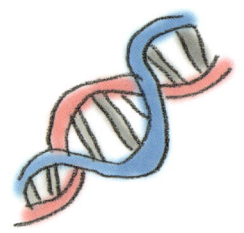

→ 以**基因**為模型創造出來的 AI

→ 以**知識**為模型創造出來的 AI

包含這次在內,三次的 AI 熱潮都是由模仿人類大腦的神經網路模型引發的,因此關於神經網路的部分,我會稍微解釋得詳細一點。

在人類的腦部構造中,各個腦神經細胞之間會相互連結(這些連接點稱為「突觸」)並交換信號。舉例來說,當我們看到梅子乾時,大腦中對紅色及圓形產生反應的細胞以及對酸味產生記憶的細胞會同時受到刺激。當你常吃梅子乾時,相同的細胞就會因為同時經歷多次刺激使得相互間的連結變粗;相反的當你吃到梅子乾時,大腦中與梅子乾沒有關係的細胞,如對正方形及甜味有反應的細胞,它們與對紅色有反應的細胞之間的連結就會變得薄弱。也就是說,同時受到刺激的細胞,相互之間的連結會變粗,而沒有受到刺激的細胞,相互之間的連結就會變細,透過這種構造,我們的大腦會產生記憶、想像、偶而忘記事情、或是出現悲傷、快樂及焦慮等複雜的心理情緒。

28

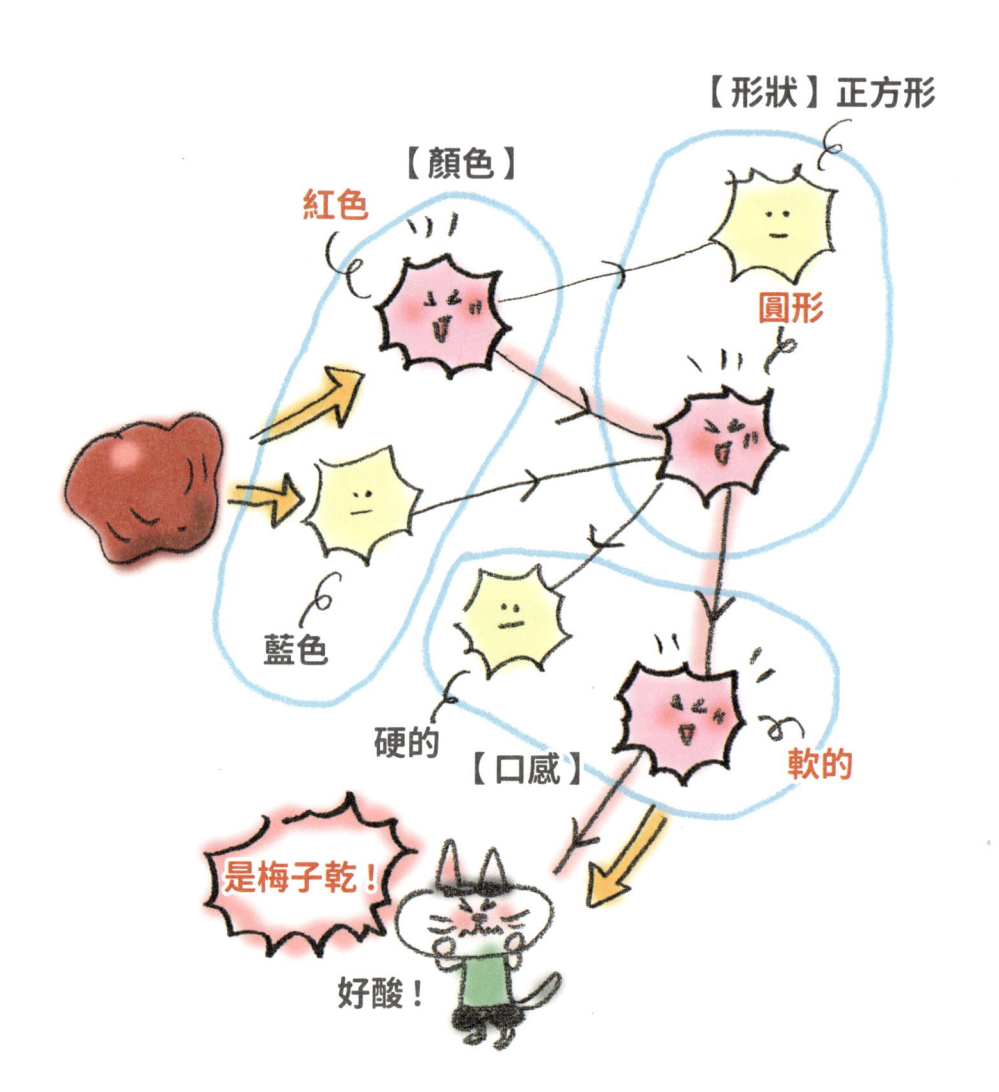

而神經網路就是參考這樣的構造創造出來的 AI 模型。若要說明全部的 AI 模型，需要一整本書的頁數才講得完，所以，神經網路以外的模型，只做簡要的說明。

生物的演化即是基因的演化。孩子的基因源自於爸爸和媽媽兩方的基因結合而成的。根據結合條件，有時也會出現不是來自於爸爸或媽媽基因的新興演化，我們將這種演化稱為「遺傳交配」，運用這種機制創建出來的 AI 模型稱為「基因演算法」模型。另外依據大量學習「這樣做，一定不會錯」的知識和規則，判斷出「這時應該要這麼做」的 AI 模型，則稱為專家系統（也稱為知識資料庫的 AI 模型）。「專家」就是「專業」的意思，也就是具有專業知識的 AI 模型。

我們以讓 AI 記住醫生的專業知識為例，當我們讓 AI 學習「發燒到 38 度時，罹患感冒的可能性為 50%」、「出現咳嗽症狀時，罹患感冒的可能性為 70%」的知識時，AI 在面對表述自己的症狀為「發燒 38 度，咳嗽咳不停」的患者時，會做出「罹患感冒的可能性為 90%」的診斷結果。AI 除了學習醫學的知識外，也可以學習情報問答王的知識。

西元 2011 年，美國著名的智力競賽節目《危險邊緣！》中，由 IBM 所創建，擊敗了人類參賽者的 AI 模型──華生，就是專家系統

體溫 38°C

咳嗽

沒有食慾

身體發冷

⇨ AI 分析出：
感冒確診率
＝ 85%

模型。

除此之外，還有直接模仿人類行為的「模仿學習」、根據原始樣本製作繪圖與影像的「GAN」、能夠像人類一樣對話溝通的「自然語言處理（NLP）」模型以及擊敗職業圍棋棋士的 AI 模型（AlphaGo），結合了神經網路與專家系統等各式各樣的 AI 模型。AI 模型的適切性將隨著我們使用 AI 的目的而定。

2-2 利用模糊感接近人類

「模糊控制」這個詞，你應該很少聽到。大約在西元 1990 年時，電視廣告經常播放「具有模糊控制機能的冰箱、電風扇和冷氣機」。「模糊」指的是「模稜兩可」的意思。具有模糊控制機能的冰箱、電風扇、冷氣機，怎麼看都很奇怪！不過，它卻是一種創新的構造，而且到目前為止，幾乎所有的家電用品都是利用這項技術。甚至與 AI 有著密切的聯結。

這裡，我們用前面章節提到的專家系統來觀看「模糊控制機能」的構造以及如何運用在 AI 模型中。

專家系統是學習人類知識與規則的 AI 模型。舉例來說，檢查身體狀況時，會讓 AI 模型記住這些醫學知識，如：

- 身體出現疲倦感時，罹患感冒的機率約為 20%
- 體溫超過 38 度時，罹患感冒的機率約為 50%
- 明顯出現咳嗽症狀時，罹患感冒的機率則為 70%

然後 AI 模型會依據接受到的知識來判斷「咳嗽、身體出現疲倦感，但沒有發燒，所以罹患感冒的機率約為 30%」。同樣的，在家電用品方面也是，我們也能讓 AI 模型記住「當房間溫度達 35 度時，要打開冷氣」、「濕度達到 80% 以上時，要開除濕」等的知識與規則，而這些也都是我們希望空調能夠具備的功能。

不過，在這樣的情況下出現了一個問題。我們假設專家系統學習到了「當房間溫度達 35 度時，會自動開啟開關」的知識，那麼，當它遇到溫度達 34.9 度時，將不會打開開關。34.9 度與 35 度之間的溫度差異僅僅只有 0.1 度而已，對 AI 而言，35 度時要開空調，但是 34.9 度時卻不開，僅僅 0.1 度的差，空調就會陷入開開關關的狀況。這樣有點太矯枉過正了。如果站在人類的角度來看，我們會稍微通融的，抱著「差不多 35 度左右時，就開空調」的想法來決定要不要開空調。所以，程式與 AI 必須學習人類這種「灰色地帶」的情感。

然而，電腦不擅長處理這種「灰色地帶」。電腦對於明確的數值能夠精準地計算出來，卻不知道如何計算大略的數值，而模糊理論正是為了解決這些問題而產生。

AI 冒險學習地圖

就這樣往南前進吧！快到終點囉！

路徑 D

獲得 1 pt
總計 5 pt

請翻至第 117 頁

35 度　　　　　　　34.9 度

只差 0.1 度而已就出現這麼大的差別。

第 2 章　AI 與人類的思維模式

　　至今，電腦還未能夠處理「30 度左右時要開冷氣」這類情況的原因在於電腦能夠判斷「30 度」、「30 度以上」、「30 度以下」等明確的數字，卻無法理解且順利處理像「30 度左右」這種「不明確」的灰色地帶，而模糊理論則是一種能夠巧妙運用數字來應對這類灰色地帶的技術。實際的構造有點困難，所以我將不在本書進行解釋，不過，也因為模糊控制的出現，電腦才變得能夠理解「30 度左右」這類的情況，並且在室溫大概達到 30 度左右時，打開空調。現階段，模糊控制機能已應用於絕大部分的家電用品上，如電風扇、洗衣機、電子鍋、冰箱。

　　另外，除了程式以外，AI 的專家系統也能融入模糊機能的技術，做出像是「體溫達到 36 度左右時，罹患感冒的機率為 10%」這樣的判斷。

AI 冒險學習地圖

好！
繼續往前走。

路徑 C
請翻至第 72 頁

35

2-3　AI 是如何學習的呢？

　　AI 和我們一樣，能透過學習變得更加聰明。一開始，AI 什麼都不懂。然後，當它學到了某些知識之後，遇到任何問題也只能隨機回答。所以 AI 透過接受人類的指導、從學習自身的失敗與成功的經驗，讓自己逐漸變得更加聰明。

　　AI 學習型態大致上分為「監督式學習」與「非監督式學習」這兩種。接下來，我們依序來看看吧！

　　監督式學習是指由老師指導的學習，就跟我們在學校求學時，由老師帶領我們學習各種事物的道理一樣。只不過，AI 是一種電腦程式，沒辦法做出像聽老師講課、閱讀課本或在黑板上書寫等的動作。具體來說，就是以例題搭配答案的方式來進行，例如「紅的、圓的、帶有酸味的是梅子乾」、「黃的、圓的、帶有酸味的是檸檬」、「黃色、長條狀、帶有甜味的是香蕉」這樣的感覺，讓電腦程式記住許多例題的方法。由老師傳授的數據稱為「學習訊號」或「學習數據」，基本上，給予電腦程式越多學習的事物，它們就會變得越聰明。

　　前面章節所描述的神經網路，就是這個學習型態的典型代表。神經網路不僅能夠記住所學的內容，並且還能從中運用想像力，去「推理」從未學習過的事物。舉例來說，當 AI 接觸許多水果例題的學習

第 2 章　AI 與人類的思維模式

> 紅的
> 圓的
> 酸的是
> 「梅子乾」

> 黃的
> 圓的
> 酸的是
> 「檸檬」

原來如此！

數據後，就能夠推論出「又圓又黃的物體，肯定是水果」，或是能夠「聞一知十」（聽到部分的內容就能知道全部，比喻頭腦聰明且理解能力強）。能夠做到類似這樣程度的神經網路 AI，是不是很聰明呢？

我們很難將全世界的事物全部教給 AI，但是如果我們提供一定數量的學習數據，AI 就能夠自行推理，甚至對於沒有教的事物也能夠給

出答案。監督式學習可以大幅減少提供學習數據量這點，可以說是非常實用的學習型態。

非監督式學習是一種不提供學習數據，也就是不提供例題和解答，讓 AI 自行學習的型態。你是不是也對什麼都沒教，還能學習這點，感到相當疑惑呢？雖然很不可思議，但包括人類在內，這是所有生物共同的學習型態喔！

接下來，我們就具體的來看看 AI 是如何學習的吧！

假設眼前有一個從未見過的設備。我們先打開開關 A，然後再打開開關 B，並將轉盤旋轉 180 度後，這個設備就會啟動。但是當我們弄錯步驟時，這個設備將不會啟動或是停止運作。

AI 冒險學習地圖

請翻至第124頁　返回

哇！
前面沒有路了！
（往回走）

0pt
總計 3pt

這時，我們並未告訴 AI 啟動這台設備的步驟，只給它「自己多方嘗試並且找到正確的操作方法」這個指令。因此 AI 會隨機打開或關閉開關，並且轉動旋鈕，然後設備會根據 AI 的操作，開始啟動或停止。當 AI 隨機操作並且持續進步時，它會去思考「啊！這個操作方法是正確的！」並且學習這個操作方法。相反的，當設備停止時，AI 會思考「嗯！這樣操作方法是不行的！」然後不再用這個操作方法。讓 AI 反覆透過學習正確（讓設備啟動）的方法，並從中避免錯誤（讓設備停止）的方法，進而變得更加聰明的過程，就是「非監督式學習」。

相信大家都有過類似的經驗。當我們維修一台不知道如何操作的機器時，我們會試著找出這台機器的問題點並且解決它，或是不斷的嘗試各種方法直到我們找到正確的啟動方式。就像新聞報導提到的，想要打開籠子逃跑的動物們，它們也是運用這樣的學習方式。非監督學習型態也一樣，是一種即使不明白原理，但是透過隨機嘗試的方式，把有效的方法記起來，捨棄無效的方法，接著不斷反覆的去做，從中找到「正確答案」的學習型態。

「強化學習」是非監督式學習型態的 AI 模型代表。這看起來好像是一個很厲害的 AI 名稱，不過涵義太過艱深了，我們只要先記住各個名稱就可以了，本書將不做說明。

轉動 A 和 B 的旋鈕，
就能打開燈

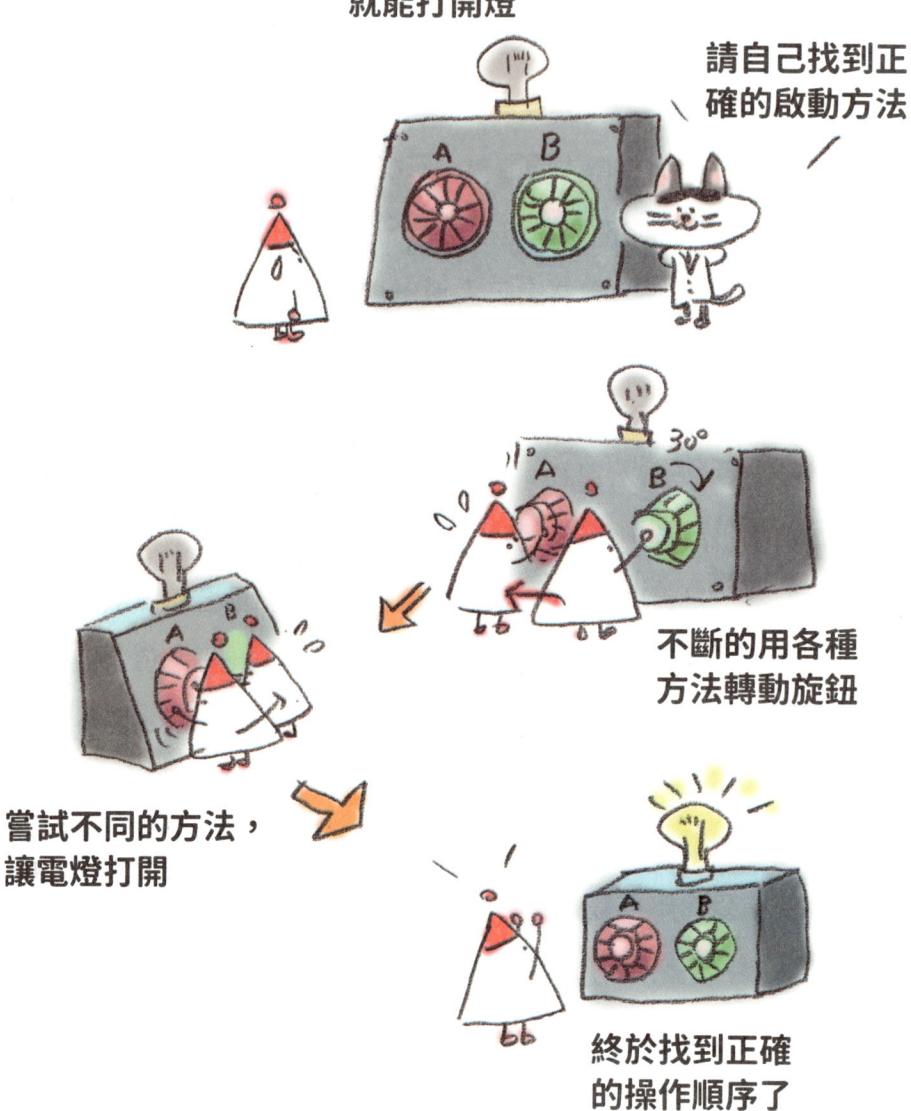

請自己找到正確的啟動方法

不斷的用各種方法轉動旋鈕

嘗試不同的方法，讓電燈打開

終於找到正確的操作順序了

喜愛圍棋或將棋的人或許曾經聽說過這件事，在西元 2015 年舉辦的圍棋比賽中，圍棋 AI 模型 -AlphaGo 打敗了一位職業棋手。獲勝的 AlphaGo 的最新一代（AlphaZero）就是以強化學習為基礎的 AI 模式。AI 模式只是反覆隨機嘗試與學習就能記住有效的方法，然後將無效方法捨棄掉，就能活躍在圍棋和將棋這種需要大量邏輯思緒與深度思考的遊戲中，真的非常不可思議。

非監督式學習，乍看之下似乎是一種反覆進行且低效率的學習型態，但實際上，這個學習型態非常重要。

舉例來說，未來，當人類到達能夠前往火星的時代時，只從地球上觀測或模擬，將無法讓我們透徹的了解火星。我們開始登陸火星時，可能會遇到如超乎想像的強風、出現與預測結果不同的地質，或是地面比我們所推測的還要更軟、更難走動等，許多與地球環境相比，難以掌握的情況和問題。如果這些假設都成立了，那麼前面所提到「監督式學習」就無法順利進行，原因在於我們無法事先準備學習數據，所以我們無法提前學習「遇到這種情況時，應該這樣做」的概念。

然而，以自己一邊嘗試一邊學習的「非監督式學習」來說，AI（置入 AI 模式的機器人）則有可能能夠成功應對沒有預想到的未知情況。因此，在無法預先創建學習數據的未知環境中，非監督式學習將會是有效的。

我們也可以說這是一種「做事情之前都先嘗試看看,不要太認真,這麼一來或許就能找到辦法」的思維模式。

> **運用非監督式學習進化的圍棋 AI 模式**
>
> 第一代的 AI 模式是藉由監督式學習運用人類的棋譜進化而來的,但到了第四代(AlphaZero),則是藉由監督式學習學會和自己對戰,所以變得比運用人類棋譜學習的前幾代都還要強。另外,也有人說 AlphaZero 大約對戰了 2000 萬局左右。以一個從出生即開始接觸圍棋的人來說,這樣的對戰局數根本就是天方夜譚的數字。這個對戰局數是連續兩個禮拜不間斷,持續透過 Google 的電腦資源得來的數字,因此有可能獲得人類無法找到的對戰策略。圍棋 AI 模式,現已發展到連專業人士都無法相提並論的水準了。

為了讓 AI 像專家系統一樣,記住大量的知識,人類會運用手工作業輸入這些知識。不過,現在 AI 也會自己累積知識,也就是 AI 會自己看書、會從網路上收集資訊、或是自主性的彙整知識。具體來說,就是使用 OCR 技術(從圖像辨識文字,然後將其轉換成文字資

料的技術）來閱讀書籍。IBM 表示 AI 將閱讀世界上所有可用的書籍，運用網路發達的趨勢，大量閱讀網路上的各種資訊、理解其中的涵義，並且超越人類去收集更廣泛的知識，創建出更龐大的資料庫。

這樣的結果，就如同前面所提到的，AI 在美國最大的機智問答節目《危險邊緣！》中以優越的成績超越人類並贏得冠軍。以醫學領域為例，AI 每天發表數千篇的論文，單一個領域就能出現這樣的數字，因此我們可以說 AI 的知識量已遠遠超出人類一生所能夠閱讀的量。AI 不僅不需要休息，還可以瞬間讀取數據，加上也有人指出，未來可以理解所有論文內容的將是 AI 而不是人類。因此，單從知識量來看，我們也可以說 AI 的專家系統已經遠遠超越了人類學者（專家）了吧！

AI 冒險學習地圖

各路徑的得分

路徑 D：1+1+1+1+1=5pt

路徑 E：1+1+1-3pt

路徑 F：1pt

路徑 G：0pt

路徑 D 獲得最佳成績。決定走路徑 D！

請翻至第84頁

分工合作閱讀

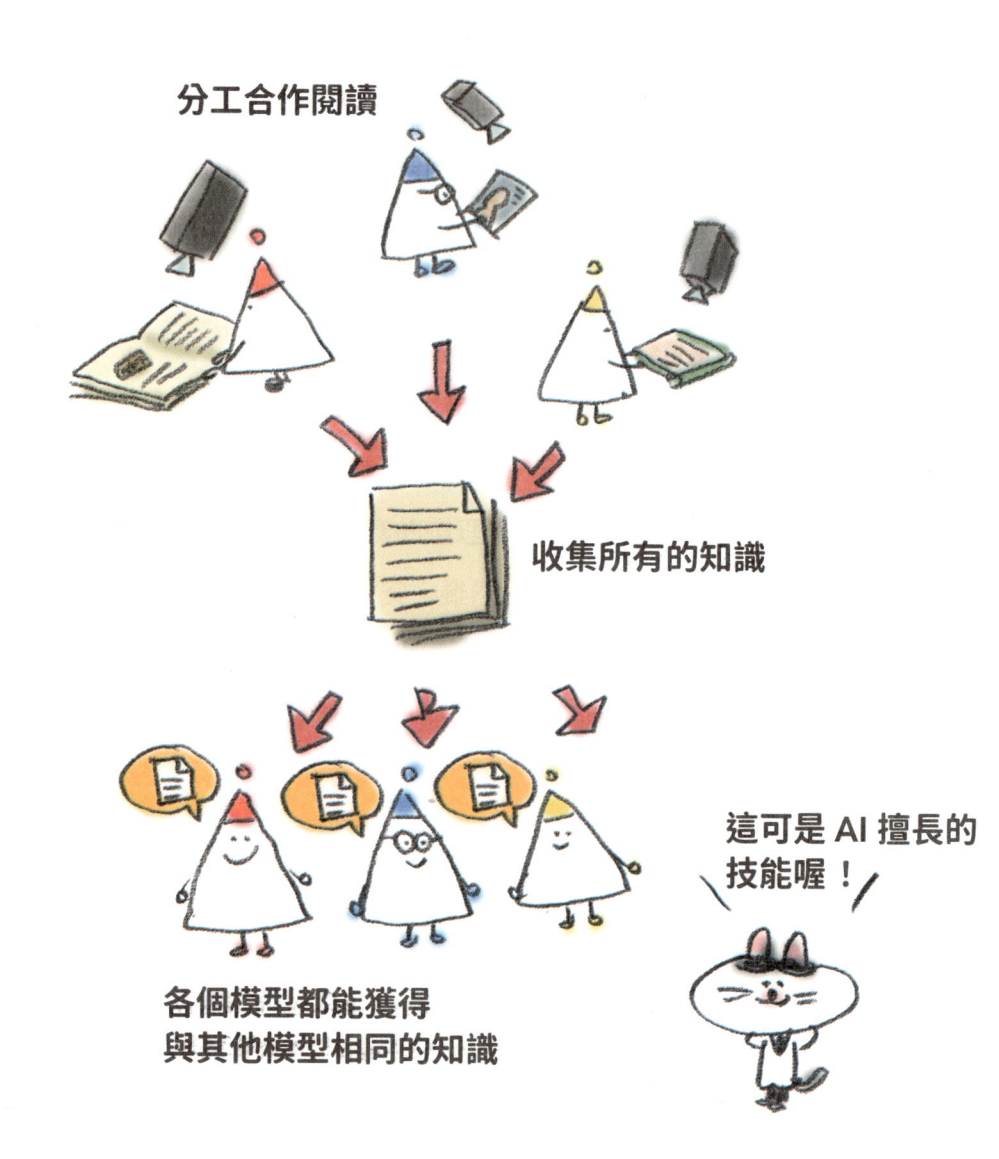

收集所有的知識

各個模型都能獲得與其他模型相同的知識

這可是 AI 擅長的技能喔！

第 2 章　AI 與人類的思維模式

　　不過，這並不代表我們能夠將所有事都交給 AI 專家系統處理，因為人類仍然擁有 AI 無法達到的能力。人類除了擁有知識以外，還擁有 AI 沒有的直覺、預感及凡事長遠考量的大局觀，這些無法用語言解釋卻又令人吃驚的能力。也因此在醫療救援現場，現在還未能將所有的事情交給 AI 處理。不過在不久的將來，AI 的水準或許就能達到成為醫生助手或協助救援，並提供多方意見的程度。

2-4　AI 太聰明了！

　　在機器人小東君的例子中，提到了即使 AI 能夠解答東大的入學考試，也無法抵達考試會場應考這點，就是我們所談論的 AI 在現階段是一種只能侷限單一領域，進行專攻學習的專業型模式，並不像人類擁有多方面的知識，可以通盤整合所有的事物，並從中做出決策的通用型智慧。

　　到這邊，我們稍微從不同的角度來探討 AI 的智慧。這或許與前面所說的內容有所矛盾，出現這些問題的原由來自於 AI 實在太過聰明了。

　　舉例來說，人類外出購物時，會出現各種擔憂與推測，例如「店家會不會公休？」、「會下雨嗎？」、「車廂會不會很擁擠？」、「今天有促銷嗎？」、「身上帶的錢夠不夠呢？」、「購物清單帶了嗎？」，然後一邊在腦中思考各種狀況，一邊往商店的方向走去，同時也會不自覺的忽略掉「其他不需要思考的事情」。人類對於突然發生地震、遭到外星人攻擊或是整個城市遭到封鎖等，不太可能發生的事情並不會去思考該怎麼做，相信大家都是這樣的。

　　但是，對於「好像快下雨了，所以帶把傘」；或是「電車人多，所以改騎腳踏車出門」、「事先存在手機的備忘錄裡免得忘記」等，

第 2 章　AI 與人類的思維模式

即將發生的事情則會預先思考如何應對。相反的，對於那些不可能發生的事情，則會不自覺的從自己的代辦清單中刪除。

　　AI 面對這些狀況的問題癥結點在於它們無法辨別應該思考到什麼樣的程度，或是哪些環節不需要加以考慮，導致會擔心所有可能發生的事情，並且嘗試比人類思考更多的事情。我們以前面提到的例子來說，除了下雨、公休日、電車問題以外，世界上還有更多「可能發生的事情」。而面對任何事情都深入學習的 AI，對於它所學習到的一切，都會去設想當發生類似情況時，該怎麼應對的對策。也因為如此，一旦有太多可能發生的事情時，就算 AI 能夠快速運算，也會花費大量的時間去思考應變方法，這樣一來一往之間，到最後時間反而變得不夠用了。

AI 冒險學習地圖

從這裡開始往西邊前進吧！

請翻至第161頁
路徑 E

獲得 1pt
總計 2pt

起點
終點

47

有一個著名的事件可以參考，負責處理定時炸彈的 AI（這個事件的 AI 名為津田機器人），面對這種情況時，會開始思考「炸彈立刻爆炸了該怎麼辦？」、「移動炸彈後，可能會引爆」、「說不定不會爆炸，但是如果爆炸了，威力會有多大呢？」、「搬運炸彈的過程中如果跌倒了，或是遇到地震時，怎麼辦？」等各種可能發生的狀況以及應該對應的方法，直到最後津田機器人遲遲沒有得出結論，眼睜睜看著倒數計時，然後炸彈爆炸了……結果真是令人難過。

這種情況稱為「框架問題」，「框架」指的是「結構」。這個問題在西元 1969 年，由約翰‧麥卡錫與帕特里克‧海耶斯兩位學者所提出，直到現在仍是 AI 未能解決的重大挑戰，意思就是我們無法創建一個「框架（結構）」來分類現在必須解決的問題以及不必思考的事情。

或許你會覺得人類只要提供一個框架、一個需要思考的範圍給 AI，並且告訴它們不需要去考慮不太可能會發生的事就可以了，事實上這比想像中還難。日常生活中我們每個人都可以順著情境或是不自覺的去判斷事情，並且很難向別人解釋自己是如何做到的。這是因為每個人都是根據自己的人生經驗來做決定，因此個人經驗會因人而異，不僅無法套用規則，也沒有一種能適合所有人的範圍。

第 2 章　AI 與人類的思維模式

當範圍太過模糊或是漏掉真正需要思考的事情時，我們會受到「你考慮的不夠周全」或是「為什麼你沒有想到會發生這樣的事呢？」的質疑。相反的，有的人或許會被認為「擔心過頭了」，例如：錢包明明還有足夠的錢，他會立刻去找哪裡有提款機。人類會從經驗及周遭人們的回饋中，學會思考與捨棄的程度和界線，不過因為每個人的經驗都不同，並且隨著時代的變化也會逐漸改變觀念。

　　總之，每個人的作法都不同，所以沒有一條明確的方式適用於所有人，加上就連自己也無法明確說出為什麼會有這條界線。如此一來，我們便難以教導 AI 設定出範圍，而且很多事情並沒有標準答案，所以也無法條列指示 AI 如何思考，因此到目前為止，人類尚未找到能夠確實解決框架問題的方法。

AI 冒險學習地圖

通過橋後，繼續往西邊走！

路徑 D
請翻至第126頁

框架問題

在解釋框架問題時,經常受到探討的是美國學者丹尼爾‧丹尼特所提出的(AI搭載)機器人與炸彈處理問題。機器人接收到的指示是「將洞窟裡綁著定時炸彈的電池拿出來。」。機器人進入洞窟後,找到了電池,但是電池上面卻放著一顆炸彈。人類面對這種狀況時,應該會試著拿掉電池上的炸彈。但是,機器人卻直接將電池連同炸彈帶出洞窟。機器人雖然完成將電池帶出洞窟的任務,但是炸彈也在離開洞窟的同時爆炸了。這是因為機器人無法理解「拿走電池時,炸彈也會跟著一起離開洞窟」這一點。

接著,他們重新更新機器人,讓它在達成目標的同時,還要考慮連帶可能會發生的事情,然後再次賦予它同樣的任務。

「這次應該沒問題了吧?」、「機器人會拆除炸彈然後將電池帶出來吧?」,機器人在我們這樣想的時候,再次進到了洞窟,接著在裝有炸彈的電池前面停了下來,動也不動的讓炸彈爆炸了。這個情況的問題是當機器人站在電池前會去思考許多事情,例如「靠近炸彈時,天花板會不會塌下來?」、「牆壁會變色嗎?」?「要不要把炸彈帶到外面去呢?」、「炸

彈爆炸後，後果會有多嚴重呢？」、「如果螺絲生鏽了，拆不下來時該怎麼辦？」等等，必須評估的層面過於複雜，而炸彈就在機器人大量思考的期間爆炸了。

AI 冒險學習地圖

哎呀呀！前面的路被阻住了！（往回走）

返回
請翻至第27頁

Opt

第 3 章

AI 與人類各自擅長及不擅長的事

3-1 人類隨性的看世界

我們時常會脫口說出「不小心做了 XX 事」、「大概知道」、「腦中突然閃過一個靈感」這類的話。事實上，因為世界上有許多無法明確解答的問題，所以這種突如其來的感覺，意外變得很重要。

我們試著思考一下圍棋和將棋，玩過圍棋或將棋的人應該知道，下棋時，我們從對戰的棋盤上散發出來的整體氛圍，多少就能感覺到「自己現在處於劣勢」或是「必須當心這顆棋子的位置」。雖然不知道問題點出在哪裡，但內心就是會有種忐忑不安、令人焦慮的感覺。

> 嗯，總覺得有點不對勁……

第 3 章　AI 與人類各自擅長及不擅長的事

相反的，有時候我們腦中會瞬間閃過一個好點子，或是毫無理由的湧現自信，認為自己應該會贏。這種感覺彷彿靈魂抽離了身體，在旁邊看著自己下棋，這種隨性俯視或是沉浸在「整個棋局」中的感覺，將會是左右輸贏的關鍵。

除了玩圍棋和將棋時有過這樣的經驗以外，當參加學校考試或玩遊戲、運動時也會出現！我相信每個人都有過這種感覺，只是我們還不清楚大腦是如何運作以及所謂的「靈感」是怎麼製造出來的，或是當我們不知道瞬間出現一個想法或預感時，大腦的結構會呈現什麼狀態。現今的 AI 還沒有這樣的能力，人類也無法將靈感傳授給 AI，因為身為指導者的人類如果不懂原理，就很難順利指導 AI。

AI 冒險學習地圖

喔，前面有路可走耶！

路徑 H

請翻至第 100 頁

「美麗」、「感動」、「害怕」、「焦慮」這些感受或情緒，籠罩著一層神秘的面紗。因為人類現階段還不清楚大腦的結構，為何會感受「覺得某樣東西很美？」、「對某件事情感到焦慮不安？」等等的想法，也因此這方面人類暫時無法指導 AI。這也就是為什麼 AI 不擅長音樂、繪畫、小說等藝術領域的原因，因為它們無法理解「美麗」、「害怕」等各種感覺和情緒，所以無法順利的將這些情感表達出來。

人類於日常生活中常不自覺、自然而然做出的各種行為，當下並不會意識到，這樣的反應其實是不可思議的能力，而且是 AI 所無法學習的特殊能力。

3-2 人類會說謊，也能識破謊言

你曾經撒過謊嗎？我相信答案是肯定的！不過請放心，每個人都可能曾經這麼做過。你是否也曾覺得隨著年紀增加，就算只是偶爾說謊，卻變得更會包裝謊言了呢？這麼說或許很奇怪，但是人類說謊的技巧確實會隨著年齡增長而變化。

事實上在說謊、察覺謊言、找藉口這些行為上，也是人類擁有的特殊才能，是一項留存至今仍舊不斷演變的能力。雖然說謊肯定是不好的行為，但卻不一定是不好的能力。因為某些時候說謊也是一種表達方式，例如：當我們遇到心情沮喪的人，我們會極力的鼓勵他們；遇到行事粗心的人時，會誇張放大他們的行為，這些跟說謊也有點類似呢！如果是溫柔無害或是偶而誇大但不帶惡意的謊言，其實扮演著緩和人際關係不可或缺的溝通方式之一。雖然說是一種溝通技巧，我並不是向大家提倡說謊，相反的是請大家要保持誠實喔！

現階段的 AI 不僅不會說謊，也不擅長辨識人類所說的話是真是假。但是辨別謊言的能力卻是 AI 必須具備的能力之一。當人類能夠與 AI 對話時，AI 必須要能夠判斷這個人說話內容的真實性？有沒有打腫臉充胖子？是否過於誇大其詞？有沒有語意不明的內容等，各種千變萬化的情形。因為 AI 如果無法理解說話者「真正的想法」，將有可能給出錯誤的回應。

說謊其實是一種需要高智商的行為，謊言到底是什麼呢？事實上「說謊」意味著創造出另一個與現實世界不同的世界。

　　這個有點難以解釋。譬如當你不小心撞到桌子，然後盤子從桌上掉落而破碎時，承認後可能會挨罵，所以你可能會想辦法來掩蓋事實。這時除了「盤子自己掉下來」的藉口以外，你一定還能想到像是「剛剛發生地震，搖晃時盤子就掉下來了。」之類的說詞。

　　類似這樣創造出與實際發生情況不同的虛擬「事實」，並且讓每個人都接受或認為這個事實可能存在的行為，就是「編造」謊言。這意味著我們「創造另一個可能實現的世界」。當你創造這個虛擬「事實」的手法太過粗糙時，就會被對方識破。例如明明沒有養貓，你卻告訴對方「剛剛貓咪突然走過來，把咖啡杯打翻了。」馬上就會被對方識破。

　　因此你必須要有能力創造出更多合乎常理的故事，才能說出接近事實的謊言。尤其當你處於不得不撒謊的情況時，當下大多是立刻就得說出口，完全無法預先思考就得創造出一個合乎情理的故事，因此你將需要即時編造謊言的能力，而這就是我所說的，當你累積經驗、增加知識後，你會變得更擅長說謊的意思。

第 3 章　AI 與人類各自擅長及不擅長的事

因此說謊、編造謊言是件極其困難的事情,以至於到現在人類仍然無法教導 AI 編造謊言,當 AI 無法說謊,相對的也就無法察覺謊言了。

貓咪從窗戶
爬進來
①

然後跳到
桌子上
②

③

慘了!我得編個理由
(虛擬事實)才行!

這時,
桌上的咖啡杯
掉下去了!

AI 相關的研究之中，也有許多積極檢測謊言的研究文獻。較為古老的方式是使用測謊機，以儀器來判斷。因為說謊時擔心被人發現，所以手掌會冒汗，而這種儀器的原理就是透過電力傳輸的差異來進行辨識，傳輸出來的電力強度會隨著手掌的汗水量產生變化。同時為了不被拆穿謊言，說謊的人會感到緊張，心跳的速度也會比平常更快；甚至處於緊張狀態時聲音會變得尖銳、高亢。其他還有，比平常還多話、焦躁不安、眼神閃躲或是從眼球的動作來辨識狀態（說謊的人時常露出東張西望的神態），以及運用相機或各種感測器來觀察謊言的研究。

狼人 AI 計畫

　　你聽過「狼人殺」這款桌遊嗎？這是一款將玩家分為村民和狼人兩個隊伍的多人遊戲。遊戲玩家知道自己的遊戲身分是村民還是狼人，但卻不知道其他玩家的身分。狼人每天晚上都會殺死村民，而村民們則藉由討論會議找出狼人，然後由每個玩家共同推論出哪一位玩家是狼人，並將他淘汰。如果村民能在全員遭到殲滅之前找出所有的狼人，那麼村民這隊就會獲勝；相反的，狼人如果將所有的村民殺死，就會獲勝。

第 3 章　AI 與人類各自擅長及不擅長的事

　　玩家彼此只需透過交談就能進行遊戲。當你被問到「你是狼人嗎？」的時候，你只需要回答「我不是」或「對」就可以了。當然，狼人遇到「你是狼人嗎？」的問題時，一旦回答「是的，沒錯」時，就輸了。所以狼人必須說謊，並且想辦法編造自己不是狼人的理由，說服大家相信他。這就是這款遊戲的趣味所在。

　　目前，東京大學鳥海不二夫教授正主導一項「狼人 AI 計劃」，讓 AI 學會玩這款狼人遊戲。當其他玩家說謊或是利用藉口掩蓋自己是狼人時，「狼人 AI」必須具有能夠拆穿這些玩家謊言的能力。現階段，AI 的能力僅能和人類對戰五分鐘，因此這只是一項闡明 AI 並不具備「說謊」能力的研究。

AI 冒險學習地圖

沿著路往西邊前進吧！

路徑 C
請翻至第 35 頁

獲得 1pt
總計 2pt

3-3　人類能感同身受

　　剛出生的小嬰兒僅有基本生存能力，除了哭、吃奶、排泄之外，什麼都還沒學習。人類透過模仿父母與周遭其他人的行為，逐漸學會怎麼做。模仿的意思是學習父母親的行為，讓自己也能做到同樣的事。但是父母和孩子之間，體型和力量完全不同，就算只是簡單的模仿動作而已，對孩子來說也不是件簡單的事。例如，父母親很容易就能把手臂往上舉高十公分，孩子可能需要更多的力量與速度才能將手舉高十公分，因此，孩子會把模仿來的動作轉換成自己的身體和力量，而執行這項轉換功能就是我們大腦中稱為鏡像神經元（共感型迴路）的部分。

　　鏡像神經元並不單單只是模仿他人的動作而已，就連對方的情緒也能夠模仿。除了人類以外，猴子等其他靈長類的動物也擁有這項功能。例如黑猩猩會將自己手中的食物分享給其他想吃的黑猩猩同伴們，這樣的動作就是鏡像神經元理解到「其他人想要某些東西」這件事，然後將手中的東西分出去的行為。不過，如果對方沒有表示想要某些東西時，自己就不會先做出動作，也就是說，牠們似乎無法想像或抱著「對方是不是也想要這個食物呢？」的想法，然後將食物分給其他的黑猩猩。反過來說，能夠做到體貼他人這點的應該只有人類了

吧！人類是所有生物中，鏡像神經元發育最為出眾的物種。

人類的鏡像神經元，不僅可以模仿他人的動作，還能模仿他人的情緒和感受，也就是能夠想像或是對他人的行為產生同感。當別人遇到悲傷或快樂的事情時，就好像自己也曾經歷過一樣，跟著覺得傷心或高興。

分給他吃，應該會很開心吧！

有句話說「同喜同悲」，意思就是當身邊的朋友遇到好事時，我們會把它視為自己的事情，替朋友感到高興；看到朋友面露哀傷時，我們也跟著覺得悲傷。儘管自己什麼事也沒有遇到，但感覺卻好像發生在自己身上一樣。仔細想想，你是不是也覺得很神奇呢？明明自己什麼事也沒遇到呀！

像這樣，把別人的感受視為自己感受的行為，稱為「同理心」。透過同理他人的行為，讓我們能夠同情、擔心或祝福對方。只是，當這份同理心過於強烈時，我們將有可能變得無法分辨遇到事情的是自己還是別人，甚至無法區分悲傷的情緒是來自於對方還是自己本身的感受。就好比，當有人傷害你的朋友時，你會覺得自己是受害者，然後憎恨著對方，戰爭就是這種極端例子的代表。當然，引發戰爭的原因有很多，不過，我在這裡要說的是當我們將看到朋友們受到的苦痛、悲傷以及憤怒時，基於同理心，我們會把這些事情看做是發生在自己身上一樣，然後不斷的內耗自己。

那麼 AI 也擁有感同身受的能力嗎？遺憾的是，到目前為止 AI 尚未擁有這項能力。或許你會覺得 AI 擁有「人們到了下午三點左右，常常會想吃零食，所以他們一定會跟我要零食吃」這樣的判斷力，能夠更了解人類的需要。

第 3 章　AI 與人類各自擅長及不擅長的事

事實上當未來 AI 與人類共同生活時，AI 如果無法與人類產生共鳴，將有可能帶來許多不便以及危險。因為當我們能感覺到另一個「人類」現在的想法或心情時，我們就能給予對方安慰、跟對方一起聊天或是一起去散步。因此和人類共同生活時，AI 必須擁有共感型迴路的大腦才行。

人類和猴子能夠擁有同理心的原因，是在於兩者都是「生命個體」。當我們遇到對生命有益的事物時，我們會產生開心、美味、有趣的各種情感。相反的當我們遇到威脅生命的事物時，就會出現恐懼、焦慮和憤怒的情緒。

因此我們難以讓沒有生命的 AI 去理解情感，相對於推敲他人感受的「同理心」，對 AI 來說就更是難上加難了。

AI 冒險學習地圖

繼續往西邊前進囉！

路徑 D
請翻至第179頁

3-4　AI 能夠對話的內容 & 無法對話的內容

　　AI 能和人類對話嗎？答案既是肯定也是否定的。如果對話內容像是詢問家電用品這種固定領域的話題，那麼 2022 年的 AI 已經能夠成功的回答人類問題了。如果你問我 AI 能不能和人類談論專業知識的話題，答案已經是肯定的。不過 AI 反而不擅長閒聊，這點也許會令你感到驚訝，這是因為現行的 AI 模式仍然無法順利的和人類閒話家常。

　　看到這邊你可能會覺得專業領域的話題應該比閒聊更加困難，專業領域的話題應該需要學習更多的專業知識。然而，就因為是專業知識，只需要大量記住內容就可以了。譬如當詢問藥劑師關於醫藥方面的問題時，只要從學習過的藥物學知識中，回覆標準答案就行了。因此現階段在金融及家電用品的客戶服務及諮詢窗口等，已開始設置 AI 來處理客戶的提問或投訴。這些固定領域或是關於產品有標準答案的問題，人類可以提前讓 AI 大量學習如何回答這類問題的資訊，並且運用文字訊息或合成語音來達成目的。

　　閒聊為什麼反而很難呢？這對於視聊天為習以為常的我們，可能不會察覺到閒聊是人類獨特擁有的「厲害能力」，因為聊天這件事需要對各方面領域具備足夠的知識量。

第 3 章　AI 與人類各自擅長及不擅長的事

　　人類談話的內容變化萬千，可能一開始談論運動話題，接著又突然聊起零食，聊到一段落又會將話題轉回到運動主題。由於閒聊之前無法事先知道對方對哪一種話題有興趣，因此對於所有的領域都必須保有一定的知識水準。

　　運動和零食，這兩個話題有相關性嗎？有時候人類必須同時將兩種截然不同的話題統整，或是必須將前面聊過的內容重新拉回來，然後提醒對方「我剛才說的……」。但是，這個「剛才」又是什麼時候呢？是前面聊的三個話題嗎？還是十分鐘前講的話呢？又或者是最一開始聊的事情呢？「剛才」這個時間點，並沒有固定的規則，只能根據彼此談話的內容來推測，所以對 AI 來說，它們較難判斷。

AI 必須涉略各種領域的知識

然而並不是我們只要擁有許多領域的豐富知識，然後試著在聊天時拉回話題，就能夠重新開啟話匣子。而是人類必須即時觀察對方，理解表達的內容以及去思考如何有趣的「切入」聊天主題，為了讓對話內容淺顯易懂又生動，包含使用的詞彙、談話的時間，這些都必須全部考慮進去，然而這些「技巧」對 AI 來說，並不容易學習。

不僅是 AI，人類也有幽默風趣、不擅言詞的各種個性，所以就人類而言，擅長「閒聊」的這個技巧，也不是件簡單的事。

我的工作是把 AI 置入遊戲中，但是時常受託的是運用 AI 創建遊戲角色台詞的工作。我對於創造出與當下事件相符的對話訊息很擅長，但是卻很難做到讓遊戲角色隨機聊天。或許你會覺得讓遊戲角色去說明如何完成任務、怎麼到達目的地、能獲得武器和配備的辦法等，這一類的專業話題會比隨機聊天難，但事實上結果卻令人訝異的完全相反。

3-5　AI 了解日語嗎？

　　除了閒聊以外，理解詞彙和說話的 AI 模式（專業術語稱作：自然語言處理）比較難的原因之一是人類語言存有約定俗成的特殊語法。譬如在日語裡會有許多和語法規則相反的表現方式，例句：「（我）昨天去看電影了」即使是這種省略主詞的句型，人類之間也能馬上知道是在說誰去看電影。像是這種捨棄主詞開頭的句子，平時日常對話時也能立刻讓彼此理解的語法規則。

　　日常對談中除了主詞以外，也有省略單、複數的語法，受詞位置的文法規則變化。而且日文還有「片假名」、「平假名」、「漢字」這三種文字和英文字。數字有時候寫阿拉伯數字的「1」，有時候則用漢字寫「一」。其他像是平假名的「いち (i chi)」，也可以改寫成片假名「イチ (i chi)」。使用的漢字類型數以萬計，像是「人」有「じん（jin）」和「ひと (hito)」兩種發音，也有同音異義詞，例如「はし (hashi)」的意思有是「頂端」、「橋」和「筷子」的意思。因此在人類對話當下需要根據前後的內容來推測，才能判斷出完整的意思。

　　另外，日文句子中的單字，相互之間沒有空格。以日文句子「這是一支筆」來說，當我們用英文書寫時，會變成「This is a pen.」。在英文句子單字和單字之間會有空格，因此我們可以輕易的辨別出每

第 3 章　AI 與人類各自擅長及不擅長的事

「政治家的優惠券」

「政治家的優惠券」

「政治家的收賄件」

71

個單字。但在日文句子裡，所有的單字都相黏在一起，所以很容易產生誤解。例句：「你曾做過麵包嗎？」這句日文，隨著斷句會改變同音異字的意思，譬如有時會是「你曾做過麵包嗎？」，但是也會變成「你曾吃過內褲嗎？」這樣的語意。這種稱之為「斷錯句」問題的原因，正是來自句子單字之間彼此沒有空格。

* 註解：日文的「麵包」發音「pan」和「內褲」「pantsu」接近，「做」發音「tzu ku ru」和「吃」的發音「ku u」相近。

有時候因為人類日常累積的知識和常識能夠去理解各種句型，譬如「政治家的優惠券」和「政治家的收賄件」這個例子來說，如果沒有看過政治家發送優惠券，但是有聽過政治家收賄事件的新聞報導的知識或常識來推論的話，我們將無法判斷這兩句話哪一句是正確的。

另外，當對方問你「你有帶筆嗎？」的時候，大部分的場合，對方應該都不是問你有沒有帶原子筆這個文具，而是他想向你借筆；還有「把電腦放著」這句話，不是要你把電腦放到地上，而是希望你幫

忙關掉電腦。因此，我們不能只從字面上來理解單詞的意思，而是需要發揮一點想像力來理解其中真正的涵義。

日本人透過他們從實際的生活經驗中獲得的知識，快速地做出語言判斷，真是挺了不起呢！（笑）

因為我們必須教導 AI 這些知識，所以我希望你可以大略的去想像這會有多麼的困難。基本上，要能夠瞬間了解對方所說的內容涵義就必須具備骨幹知識。這就跟 AI 無法和人聊天一樣，它們得擁有大量的知識和常識來幫助它們知道怎麼使用詞彙，因此對 AI 來說，相對困難。

進化的聊天機器

現階段已開發出最新的自然語言處理（使用電腦處理日常單字的技術）AI 模式「GPT-2」、「GPT-3」、「GPT-4o」，這項開發將使 AI 的對話功能逐漸進化。GPT（Generative Pre-trained Transformer）最初是由美國公司 -Open AI 進行開發，現在則由微軟開發出最新版本「GPT-4o」。

創建的概念源自於不需要教導 AI「涵義」，只要讓它做出

正確的表達方式就可以了。

　　人類過去曾呈現了許多表達方式。透過網路的普及化，讓我們得以收集大量的數據，並且讓 AI 從中學習用人類慣用的表達方式。例如從龐大的文章數據中，選出類似「當我咬蘋果時」、「牙齦出血」等，頻率較高（出現次數多的）且具有高度適應率的詞句，透過常用的短語或一句接著一句的詞句回應方式，讓 AI 即使不理解意思，看起來也像在進行一場真正的對話一樣。

　　這是一種完全不同於過去，並且整個拋開讓 AI 理解詞彙涵義的方法。這種方法的效果出乎意料的完美，以文長約 100 字的文章來看，AI 撰寫文章的能力已經達到能媲美人類撰寫的水準了，而 AI 的資料來源是取自於人類過去創作的大量文獻，因此能夠達到這樣的水準也是理所當然的。只不過，對於小說這類需要主題或論述文等表達強烈概念的文章時，AI 2022 年時還無法寫出文章的架構，另外，面對內容冗長的文章時，AI 仍然很難將各篇文章完整的串聯起來。

　　順便告訴大家，GPT-2 會說日語。GPT-3 基本上也支援日語，但是內建的日語資料庫比 GPT-2 來的弱，所以到 2022 年為止，GPT-3 似乎沒有展現很好的成績。

第 4 章

AI 與遊戲

4-1 遊戲領域中出現的 AI

　　接下來從本章開始,將具體的帶大家看看人類社會或未來如何運用 AI。

　　首先,我的本業是電玩遊戲領域,其實這個領域很早就廣泛應用 AI,主要區分為兩種類型,一種是遊戲中扮演移動角色的「角色 AI」,這類型的 AI 可以決定敵方士兵、怪物或城鎮居民、遊戲隊伍同伴們的訊息和行動;另一種為開發遊戲時使用的 AI,例如:尋找遊戲程式的漏洞、調整敵人的力量、武器、防禦裝備的能力、價格以及玩家何時可以取得裝備等的遊戲參數(影響遊戲軟體動作的數據),屬於支援遊戲創建作業的 AI 模式。

　　我們以遊戲中的角色可以自由移動來舉例,玩家選定的角色是由玩家操控,不過在遊戲中城鎮的居民或同伴們的角色,則是由電腦程式所操控的。以專業術語來說即稱為「非玩家角色(NPC)」。當我們使用程式操控遊戲角色時,這些角色的動作會帶有機械式現象,然而詳細編寫一個程式,說明角色如何應變於所處的情境來動作,卻是一項非常繁瑣的規劃,因此這部分才會運用 AI 來進行作業。

第 4 章　AI 與遊戲

　　透過 AI 規劃程式，譬如：當玩家或隊友在遊戲戰鬥中遭遇麻煩時，每一個單一角色（NPC）就能自行決定該怎麼做，像是：「去幫助隊友」、「體力快不夠了，先努力自我恢復吧！」、「使用此裝備拯救同伴」、「拯救隊友之前，先擊敗怪物比較好」等等。

掌握本身與周圍角色的狀況，從中自己做出決定。然後，透過讓每個角色都能夠正確思考的動作，使整個隊伍的行動變得更加敏銳。這類型的 AI 稱為「角色 AI」，角色 AI 的工作除了決定角色的行動以外，還要思考如何找出又快且又能夠安全抵達目的地的路徑。例如在一條簡單的路徑遇到怪物時，角色 AI 就要想辦法幫助玩家避開怪物或是繞道找尋寶物，找出最佳的行動路線。

第 4 章　AI 與遊戲

　　遊戲開發後期的工作內容有調整遊戲平衡、消除遊戲程式錯誤。例如：RPG 遊戲中會出現許多怪物、武器、防禦裝備及道具。玩家甚至可以利用打怪來獲得金幣。

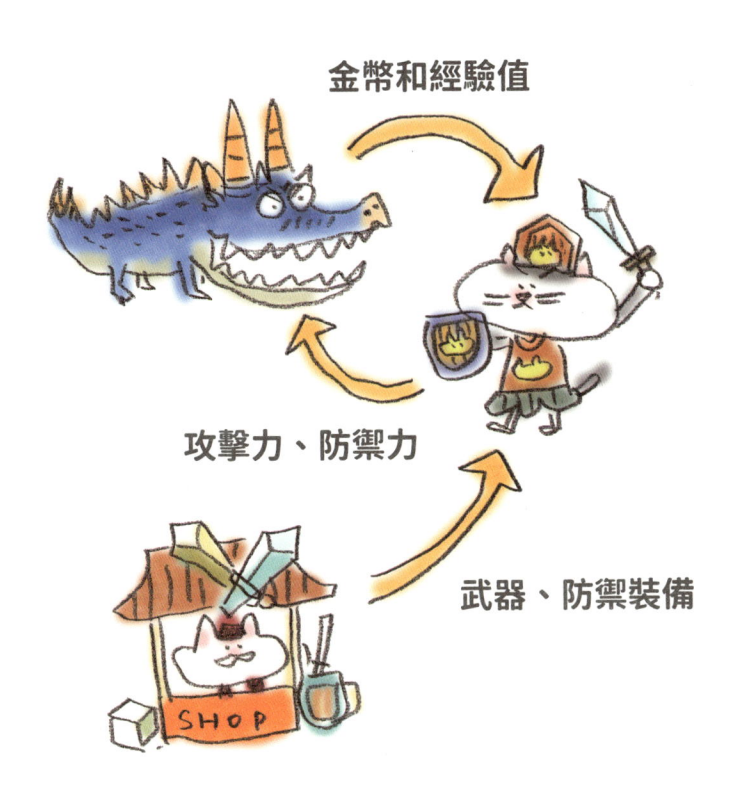

金幣和經驗值

攻擊力、防禦力

武器、防禦裝備

79

對遊戲能否進展以及玩家是否能夠享受遊戲過程而言，這些元素都是不可缺少的關鍵點。因此這時，就必須仔細調整各種參數，例如「這隻怪物的等級需要設定多少？」、「玩家打敗這隻怪物時，可以獲得多少金幣？」、「這把武器的能力應該設定多高？」、「價格該怎麼設定？」、「玩家什麼時候拿到裝備比較好？」等。像這類的作業，我們稱為「平衡性調整」或「品質管理」。

　　另外，還有找出並消除如遊戲當機、玩家跑到不該去的地方、遊戲中出現不該出現的道具或是怪物無緣無故不見了的問題點。這些問題點稱為「錯誤(bug)」，而消除錯誤的工作則稱為「除錯(debug)」。順帶一提，除了遊戲本身的設計與建構之外，除錯作業在創建遊戲作業中也是極為重要的一環。

在大多數的情況下，遊戲的品質管理和除錯作業都是花費許多人力以及大量的時間、精力完成的，直到現在仍是如此。以前，遊戲規模小的時候，來得及用人工調整，但現在的遊戲規模逐漸變得非常龐大，光是登場的角色人物、怪物、NPC、武器、防禦裝備和道具的範圍，從數百種到數千種都有。有的武器等級太強，就會顯得怪物攻擊力很弱，一旦玩家很快就攻略敵方，遊戲就會變得不好玩。相反的，當武器的等級太弱時，玩家就永遠無法打敗怪物，那遊戲就讓人覺得很乏味。

說到底，決定遊戲好不好玩的關鍵就在於調整遊戲平衡。因此，遊戲的平衡性調整可說是一件非常困難的工作。遊戲玩家的等級、武器和防禦裝備的強度還有怪物的強弱，彼此密切相關，所以無法單獨個別調整，必須將各個要素組合起來，整體列入考量才行。遊戲參數越多，組合的數量也會跟著增加，所以說精準的掌握所有的平衡並執行除錯是一項艱鉅的工作。

智慧型手機遊戲以兩週更新一次的高節奏步調增加新的怪物、道具等配備。加上不同於套裝販售的桌機遊戲，手機遊戲是以陸續推出道具配備的方式來獲得長期營運，所以手機遊戲的平衡性調整就更加困難了。大多數的情況下，玩家會花錢買下道具配備，但是當新買的武器能力不夠強大時，就有可能會使玩家出現更大的金錢損失，並成為備受爭議的熱門話題。所以遊戲就必須保持適當的平衡，武器的能

力要更新的更好但又不能太過強大，否則就會破壞遊戲的平衡性。

隨著遊戲規模越變越大，需要平衡性調整的參數也越來越多，相對的要求完成作業的時間點也越來越緊迫。就目前的現況而言，人工調整作業已面臨極限了。

AI 非常擅長調整並解決眾多參數和眾多組合之間的平衡性，對於什麼樣的組合該搭配多少數值才能達到完美的整體平衡這部分，AI 會一邊重複搜尋，一邊找出最佳的組合和參數。AI 作業比人類更快、更準確，而且它們不需要休息，甚至在某些情況下，能和其他 AI 模式一起共同作業，所以 AI 比人類更能順利的完成自己的工作。因此未來，AI 在輔助創建遊戲的作業上，將會越來越活躍。

從個體 NPC 到群體 NPC

　　NPC 的情況也是，假如全部的行動都呈現最佳的狀態，那麼就不好玩了，所以會逐漸調整參數，讓每個角色的表現些微有所不同。例如，玩家可以改變身高體型、賦予角色膽怯的性格或是把生命值調到最大之類的。

　　實際上，電影《魔戒》中眾多妖精出現的場景，全都是 AI 執行的。學習戰鬥模式的 AI，因為參數組合的異常，而使得有些妖精出現逃跑的動作。另外，美國的戰爭遊戲《Call of Duty》(決戰時刻)，雖然是一款「第一人稱射擊遊戲」，但遊戲中卻有一些敵人永遠隱藏在岩石區域裡，不會現身。

　　就算是相同的創作方式，其中只要出現微小的參數差異或是個體差異的組合，就有可能導致最終產品出現非常大的誤差。事實上，這個現象自工業機器人時代以來，就一直存在了。以一台由一百個一百公克的零件組成的機器為例，因為是工業製品，所以一百公克的重量其實是從 99.9 公克到 100.1 公克左右。這麼一來，由 99.9 公克的零件組成的機器與由 100.1 公克的零件組成的機器，彼此之間不僅總重量不同，性能也會有所差異。如果把單一零件拆開來看，誤差明明很微小，可是當多個零件組合在一起

時，就會出現令人意想不到的大變化了。

當 AI 正在嘗試學習的是自己在群體中扮演的角色，例如：團隊的足球競賽遊戲中，遊戲角色不能只想著「如何單獨行動」，而是要去考慮「怎麼進行團隊行動？」、「自己在團隊中應該扮演什麼樣的角色？」，然後根據目前比賽的狀況和周圍所有人的狀態來決定自己應該採取防守還是進攻。目前，這種能夠執行團隊遊戲 AI 的研究也持續在進行。

現階段的 AI 是透過編寫大量的「規則庫」和「行為樹」等資訊來執行控制，但相信在不久的將來，我們將能看見每個 AI 在群體中獨立決定自己行動的世界。

AI 冒險學習地圖

嗯，只剩下一條路徑。應該能抵達終點吧？

路徑 H
請翻至第160頁

路徑 I
請翻至第93頁

84

4-2　上帝視角的「Meta AI」

　　相信大家玩遊戲時,都曾有過「這個遊戲太簡單了」或是「難度太高了,沒辦法繼續玩下去」的念頭。

　　創建遊戲的作業現場也是,遊戲難易度的調整被視為一項非常重要的工作。例如「怪物應該多久出現一次?」、「要出現在哪些區域?」、「武器的強度怎麼增加?」、「何時可以使用武器?」等,如同前一章節提到的,參數的平衡性是件困難的工作。但是,由於每個玩家的遊戲技巧截然不同,因此即使參數平衡性調整得很好,也不會獲得所有玩家皆一致認同「平衡性很好」的意見。

　　設計遊戲時,通常會推測大多數玩家遊戲能力的程度,然後以此程度來調整參數。比如當玩家遇到某隻怪物時,等級約十級的玩家應該已經學會某些攻擊技巧了,所以就會將怪物和武器的強度設定在這個級別左右,以此取得遊戲的平衡性。然而,這樣的預測實際上非常難以執行,因為偏離的狀況太多了,而且一旦偏離預測,怪物就會太強或太弱,導致玩家覺得遊戲太難或太簡單,然後對遊戲提不起興趣。到最後,反而會遭到玩家抨擊說這是一款「垃圾遊戲」或是立刻受到玩家鄙棄。

這種情況下，我們該怎麼做才好呢？由於每個玩家的玩法都不同，因此遊戲創建者很難準確去預測玩家遇到怪物的當下擁有哪一種等級，所以實際上就算試圖去調整也難以做到。因應每個不同等級的玩家，最好的方式是配合每個玩家的級別更改遊戲的難易度，但是，到目前為止，所有的玩家只能使用同樣的條件，也就是使用同樣的遊戲參數來玩。一般的遊戲程式中不僅沒有，也很難實現隨著每個玩家的能力，變更難易度的功能，而這也成為 AI 能夠發揮作用的原因。

就算是同一款遊戲，每個玩家使用的遊戲參數也各有不同。而 AI 會去觀察玩家的遊戲狀況，然後從中進行調整，例如，玩家在闖關中途遇到困難，一直卡關無法擊敗怪物時，可能需要稍微降低遊戲的難度；玩家在同一關卡順利闖關前進後，覺得遊戲太過簡單而不想玩時，則會提高遊戲難度。具體來說，增加遊戲難度的意思就是提高敵人的能力等級或是增加敵人出現的次數。或者，當玩家感到無聊時，可以試圖減少與遊戲故事無關的活動，或是追加引起玩家興趣的活動，讓玩家保持某種程度上的遊戲熱誠，並且抱持著緊張感來享受遊戲的樂趣。

第 4 章 AI 與遊戲

這類的 AI 模式很像用導演的視角來控制遊戲，或像一位在天空往下俯視著玩家遊戲的狀態，然後下達命令的神明。這類 AI 模式的名稱較為難懂，稱之為「Meta AI」。

　Meta AI 的研究目前才剛剛開始起步，所以實際的運用例子並不多。除了遊戲玩家的資訊以外，也會透過觀察玩家的眼球動作（遊戲玩累時，眼皮會變得越來越重）、大腦電波以及玩家遊戲的脈搏跳動來掌握遊戲玩家當前的狀態。未來，將有可能創建出迎合各類玩家的遊戲難度。相對的，對於遊戲開發者而言，做平衡性調整作業時，將不再需要根據推測遊戲玩家的狀態來進行。因此對遊戲創建者、玩家兩者來說，是一款都能讓他們獲得好處的 AI。

4-3 支援創建的 AI

　　我在本書的第 76 頁提到遊戲中使用的 AI 和創建遊戲時使用的 AI 模式，分別是「角色 AI」和「品質管理、除錯 AI」。而支援遊戲創建的 AI 模式除了「品質管理、除錯 AI」以外，還有設計場景或角色的 AI，我將在最後這章節簡單的向大家介紹。

　　我們先來回顧一下，品質管理 AI 負責的是調整道具裝備和怪物的參數等，管控遊戲品質的工作，通俗的說就是在遊戲創建完成後進行調整的意思。除錯 AI，就如同字面上的意思，是一種找出遊戲錯誤（故障）的 AI。除錯這個動作對遊戲開發來說非常重要。

　　目前開發中的遊戲裡，常常發生遊戲中途當機、玩家進入不該出現的場景、跳出不該顯示的訊息、拿到不該配給或是得不到該有的道具裝備等狀況。

　　這些狀況一旦全部找到並且解決後，就會變成遊戲產品正式的完成版本。目前這項作業仍然是使用人工作業，一旦遊戲規模變大後，就需要更多人力來做這項作業，只是隨著遊戲規模的擴大與複雜化，除錯作業也變得越來越複雜，所以即使投入大量人力，除錯作業仍舊有可能發生失誤。

人工作業除錯會出現漏掉確認的原因之一是當一個人反覆不斷做著一件同樣的事情時，注意力就會減弱。也許你並不認為除錯作業中會不斷重複做同樣的事，我們以一個怪物很少出現的遊戲場景來說，確認怪物是不是會出現的唯一方法就是在同一個場景一遍又一遍的反覆確認。然而，這種重複來回作業的單純動作，對人類而言是件非常痛苦又容易讓人逐漸失去注意力並且漏掉確認的作業。

　　相較之下，單純的動作對 AI 來說並不困難。相反的，AI 因為擅長這樣的動作，所以不會跟人類一樣出現漏掉確認的失誤。例如「檢查所有的程式碼，確認是否有漏洞（程式錯誤）？」、「反覆檢查 100 次，確認寶箱內僅有 1% 機率會出現的道具配備，實際上是不是只會出現一次」之類的測試，AI 不僅不會出現怨言，注意力也不會下滑，甚至能夠不眠不休的持續作業。

AI 冒險學習地圖

這裡，應該往南前進！

獲得 **1** pt

路徑 H

請翻至第55頁

第 4 章　AI 與遊戲

　　「品質管理、除錯 AI」中包括設計遊戲場景和角色，支援遊戲創建的 AI 模式。當製作大型地圖時，通常人類設計師會種植每一株樹木，然後放上岩石，並且做出山脈和河流，連庭園式的小田地，也會用手工作業來製作。但是，隨著地圖的範圍越來越大時，人類用手工一株一株的種植樹木這件事就成了一項艱難的作業。

　　因此目前正在研究讓 AI 來完成這類的作業，具體來說，事先告訴 AI 哪些樹木屬於「森林」或「草地」以及這些植物的生長密度和稀疏度，還有樹木無法在「沙漠」中生長的知識。接著，人類設計師只要大略給出「這個區域是森林，那邊是草原」的指令，AI 就會運用學習的知識協助設計師創建出樹木。

　　地形也是如此設計，當你告訴 AI：「岩石區到處都有大石頭」，接著你只要給出「這裡是岩石區」這樣的指令，AI 就會幫你布置出

AI 冒險學習地圖

各路徑的得分

路徑 A：0pt

路徑 B：1pt

路徑 C：1+1+1=3pt

路徑 C 獲得最高分，我們選路徑 C 吧！

請翻至第 124 頁

卡在牆壁內，
沒辦法動了！

嗯，發現程式
錯誤了！

第 4 章　AI 與遊戲

一個岩石區。僅僅只是這麼做，就可以節省掉大量的人力，甚至對於「這裡還是不要建造森林，弄成草原來看看吧！」、「想再看看不同的草原」之類的要求，AI 也能夠對應。而且也不用擔心會出現得小心翼翼去請求人類設計師幫忙的情況。

除了場景的設計以外，也可以用相同的方式來設計遊戲角色。只要給出「想要的角色模樣」或是指定眼睛、嘴巴的樣式，AI 就會為你創建一個遊戲角色。創建角色的 AI 模式，目前已經達到實用水準了。

AI 冒險學習地圖

請翻至第84頁　返回

哇！前面有座山！
（請往回走）

其他還有製作角色台詞的 AI 模式。這個名詞可能有點難，這類的 AI 稱為「自然語言處理 AI」。在舊款遊戲中「村民」只會一遍又一遍重複說著同樣的話，但是，有了這類的 AI 模式後，不需要事前準備，AI 也能依據遊戲的情況自動為角色創建大量的台詞，因此，遊戲中的村民們能夠以豐富多樣的方式進行對話。當你輸入說話語氣、個性、興趣等角色資訊後，你就可以用設定好的角色人物來做遊戲對話，並且展現出那個角色人物的風格。

這類的 AI 模式，還能唱歌、寫詩，當 AI 能夠唱歌或寫詩時，就不會僅侷限在遊戲上了，包含 VTube(AI 人物的 YouTuber) 在內，AI 將能更廣泛的運用在娛樂活動上。

AI 冒險學習地圖

從這裡，往西邊前進吧！

路徑 B
請翻至第131頁

獲得 **1** pt

未來，搭載 AI 模式的機器人或家電用品進入家中時，當你告訴 AI「肚子餓了」或是「今天吃什麼呢？」的時候，AI 會問你「你剛剛幾點吃的？」、「有按時吃飯嗎？」或是告訴你「我們吃○○吧！」、「你想去哪裡吃飯呢？」等等，和你自然的對話。

關於這部分的內容，我將會在下一章詳細的說明。

遊戲和強化學習

前面的章節提到過 AlphaGo 如何利用強化學習變強這點，而格鬥遊戲中也運用了強化學習。格鬥遊戲中，當對戰對手不是人類時，玩家將會與 NPC 進行對戰，但是 NPC 對戰力太過低弱會造成玩家困擾，所以需要一個強一點的 AI。不過，這部分卻很難遵循規則來教。例如：「當你的對手向你使出迴旋踢時，你要往下蹲並且避開他。」或是「戰鬥生命值低的時候，不要進行無謂的攻擊。」等。

AI 沒辦法寫下所有可能發生的狀況及應戰的策略（就是我們所說的框架問題），因此 AI 會不斷的鍛鍊能夠有效對抗人類的強化學習。首先 AI 會利用模仿人類玩家的玩法，並且持續記錄技巧高超玩家的玩法，學習如何依據情況來調整玩法。

這樣的動作稱為「模仿學習」，AI運用模仿學習，藉由學習技巧高超玩家的玩法，並加上和自己隊友對戰的「強化學習」，進一步變得更強。著名的格鬥遊戲中已經開始運用這類的AI模式。

　　另外，在圍棋和將棋等思考型遊戲中，AI已經變得比人類還強，到達人類無法擊敗它們的程度了。不過人類在麻將或撲克牌等涉及運氣成分的遊戲，或是無法解讀遊戲對手動作的遊戲中，仍舊具有相當的優勢。

第 5 章

AI 與機器人

5-1 人型機器人已經進駐家中了嗎？

　　AI 話題中經常會提到機器人，當我們談到 AI 時，意思大多是指內建 AI 的機器人。隨著機器人進入人類的日常生活，逐漸變成我們熟悉的日常物品時，它們就必須獨立思考和行動的情況會越來越多，其中內建的 AI 會成為機器人的大腦，讓它們擁有應對的思考能力。

　　內建 AI 的機器人進入人類家中時，通常這種機器人的外型看起來會跟人類相似。你知道為什麼它們的外型必須像人類嗎？無論就機械還是軟體來說，用兩條腿走路、使用手指抓取東西這些動作都是極其困難的技術。以機器人 Pepper 舉例來說，用平面支架移動比用兩條腿移動來得更穩，更不容易摔倒吧！

　　為什麼要設計他們的外型變得像人類呢？簡單的說，因為人類居住的房子裡所有的物品無論形狀、尺寸或重量，對人類而言都是舒適的，但改由機器人幫忙做家事時，就表示它們開始會接觸人類使用的日常用品。舉例來說，當我們拿咖啡杯時，會使用手指頭握緊杯子，如果機器人的手指設計得太胖或太短、太長就會出現各種問題。不管是杯子還是菜刀、剪刀、熨斗、微波爐等用品，都是以方便人類手部操作來設計的，因此機器人手部的形狀如果像剪刀一樣，就很難使用人類的各種工具。

第 5 章 AI 與機器人

機器人的尺寸和形狀設計，
必須能夠方便操作人類使用的工具。

在坐椅子時，機器人的腿如果太短或太長都會沒辦法順利坐下，再加上重量太重的話，還會坐壞椅子。通常建築物的天花板距離地面的高度只有三公尺到四公尺，因此若機器人設計得太高，在室內會很難移動，而且太高的機器人，會讓人產生強烈的壓迫感；相反的如果是寵物型的小型機器人，則無法做到清潔桌面或是收拾東西。另外人類居住的空間裡，門把手的位置，也是根據人類的體型裝設的，因此這樣來看，機器人的外型越接近人類的身材就會越方便。

　　還有在房子裡也有許多易碎物，如果機器人的力氣太大或是外殼過於堅硬時，在拿取或碰撞到物品、人類時，可能會增加危險性，因此必須在設計時調整機器人的力量，並選用較軟的材質來製作機器人的支幹外殼。

AI冒險學習地圖

從這裡，往西邊前進。

請翻至 第82頁
路徑H

獲得 **1**pt
總計 **2**pt

為了能夠準確量測目標的位置及目標彼此之間的距離，需要在機器人左右兩邊的耳朵和眼睛安裝感應器，以利機器人做三角測量。耳朵的構造設計，機器人必須接收到一定程度的聲波才能精準的聽到聲音，所以必須使用柔軟的材質，加上必須方便接收聲源，所以接收器必須類似生物的耳朵外型。

這就是在設計走進人類生活並且能夠彼此共同生活的機器人時，會需要規劃與人類相似的材質和外型，來減少機器人和人類共同生活所產生的問題。

機器人除了要有柔軟的觸感，如果在觸碰時能夠感受到溫度，可以增加友善互動的感受，所以這也是常見的必備功能之一。因此目前市面上的機器人（包含玩具類型）已經普遍具有表面溫度，當機器人是柔軟觸感且具有溫度時，人類就會覺得它具有生命，帶來相對的安全感。

機器人同時是整棟房子

現階段除了設計讓機器人進入家庭環境，也有將整棟房子變成機器人的相關研究，或許在 2022 年還難以想像，但實際上機器人的進階規劃，將能夠以合併功能的更多外型出現。像是讓電視、床鋪、廁所、洗臉檯以及各種用品，都能夠成為機器人的一部分，例如：桌子可以判斷情境，自動化的向人靠近、床鋪或衣櫃會配合人類的位置移動、視環境氣溫變化啟動空調冷氣或暖氣、判斷室內明亮度來調整照明、保全系統在監測到外出狀態時會幫忙關閉電器用品，並且確實鎖門等。讓整棟房子能夠進入自動化管理，而全面控制設備的就是 AI，這樣的概念稱為「智慧型家庭」。

雖然現階段普遍運用的智慧型家庭系統，發展最好的是醫療照護相關設備領域的智能床鋪。未來將整棟房子視為一個機器人，全部交由 AI 來控制的想法更加值得期待。

5-2 機器人的學習效率高，能力超越人類平均壽命的時間

　　設計和人類一起生活的機器人，並不只是要學習天黑時開電燈、咖啡要如何煮或是怎麼掃地等，生活中每件事情的個別操作方法而已。還有判斷季節變化，或是分配一小時以內這種短時間能夠同步處理的事務，這些都是需要依據實際運作後才學習的情境，加上人類的獨特性，各自有不同的個性、習慣，還要學習配合人類的成長，每個生長階段必須去做或注意的事情也會有所不同。

　　另外，居家生活使用的工具會有耗損的保養維護、種植的盆栽會持續生長、每過一段時間環境周圍會有可能出現改變，以上這些未知事情，人類暫時沒辦法預估全面的細節，並且在設定程式前預告機器人。

　　在設計機器人大腦的 AI 也是如此，它的學習時間通常需要花費十到二十年，雖然看起來時間不短，但是機器人的學習卻可以比人類還更有效率，關鍵原因就是在機器人 AI 的複製效率，雖然也是需要花上十幾年的時間來學習，可是一旦它學會之後，就能快速且不斷的無限延伸複製學習過的動作，這是和人類最不一樣的地方。

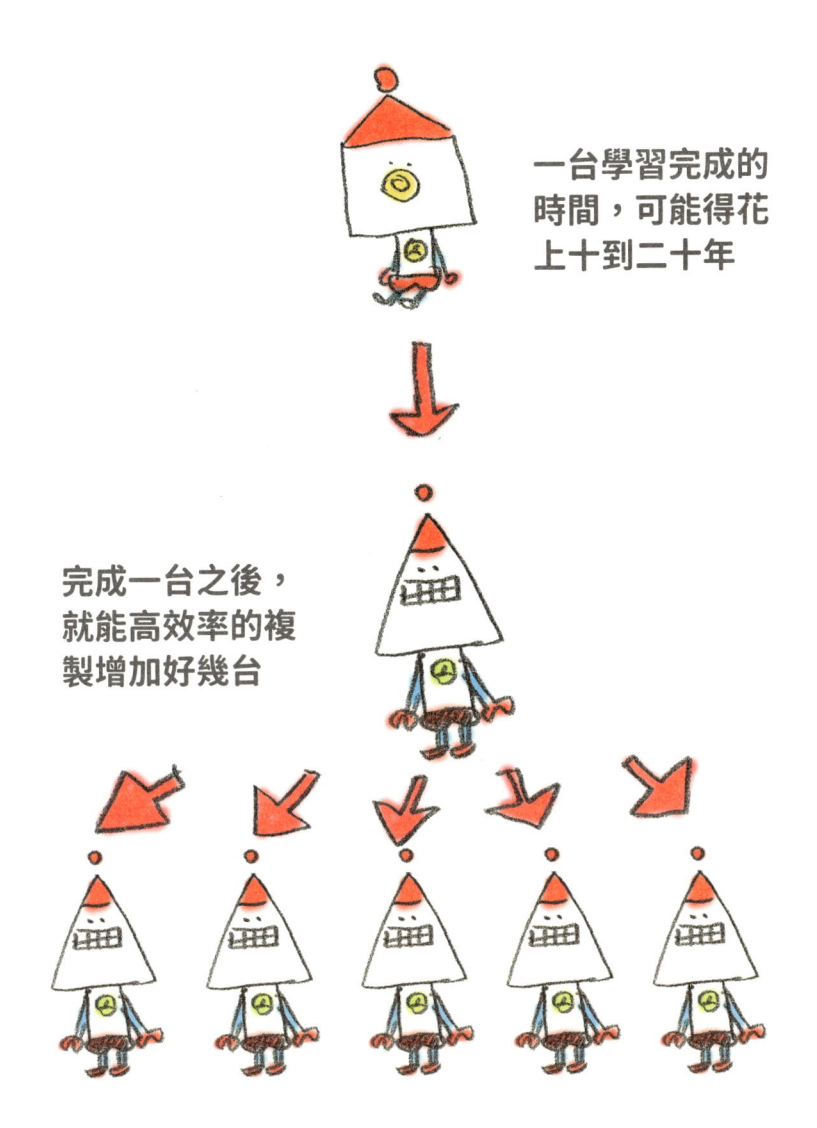

第 5 章　AI 與機器人

一台學習完成的時間，可能得花上十到二十年

完成一台之後，就能高效率的複製增加好幾台

105

機器人與生物截然不同的地方，就是在於機器人打造一台完畢之後，就可以高效率複製已完成的這台，並且大量製作出一萬甚至一百萬台的數量出來。雖然一台機器人在學習上花費看似很長的時間，但是卻等於能同步讓許多機器人共同學習，這麼看來投資的時間非常值得。

　　在資料延伸的共用方面，可以讓更多機器人相互分享和人類生活的經驗，藉由這樣的共享資料庫方式，加速學習效率。目前在這項研究的 AI 模型，根據統計會共同合作處理數據，分享彼此所得到的經驗，並透過分析人類犯錯時或是遇到事情時所處理的行為、想法的模式，來學習如何與人類產生良好的互動。AI 如果能夠共同分享與各自不同個性的人類相處的訊息，那麼就算一台機器人可從經驗中學習的事情非常少，但是它的知識還是可以出現爆發式的增加，這一點很有趣，其實就跟人類的文化發展模式很接近。

AI 冒險學習地圖

從這裡開始
往西邊前進

路徑 D
請翻至第 65 頁

獲得 1 pt
總計 2 pt

第 6 章
AI 與汽車

6-1 自動駕駛的 5 等級

汽車的自動駕駛是一個日新月異的領域，現階段市面上普遍的汽車皆已經配備了能夠自動駕駛功能，而這個功能就是運用了大量的 AI 技術。

當討論到汽車搭載的自動駕駛功能，通常會以搭載多少等級的功能來表示，其中分為零級到五級，零級是自動駕駛功能最低，五級則是功能最強。因為汽車是攸關人命的交通工具，製造汽車與駕駛汽車的人都必須負起安全責任，相對的自動駕駛功能也是如此，它絕對必須是讓人值得信賴的功能。

下面的內容是自動駕駛功能中各個等級的定義，而且這項標準幾乎是國際通用規則。

- 自動駕駛等級 0：無自動駕駛
- 自動駕駛等級 1：支援駕駛
- 自動駕駛等級 2：部分自動駕駛
- 自動駕駛等級 3：有條件自動駕駛
- 自動駕駛等級 4：高度自動駕駛
- 自動駕駛等級 5：全自動駕駛

第 6 章　AI 與汽車

自動駕駛等級 0
無自動駕駛功能

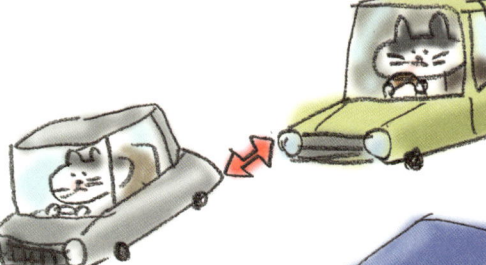

自動駕駛等級 1、2
自動保持行車距離及自動煞車

自動駕駛等級 3、4
幾乎是自動駕駛狀態，但駕駛者須手握方向盤

自動駕駛等級 5
全自動駕駛，駕駛者不須手握方向盤

這些自動駕駛的詞彙可能一時令人難以理解，因此延伸下列的補充說明，零級的意思顧名思義就是零自動駕駛功能，一級和二級的功能稱為「支援駕駛」、「輔助駕駛」，而且目前已有許多汽車都已搭載這項功能，其中包含偵測行人、對向來車或是發現障礙物時，便會自動啟用煞車來防止衝撞、控制車速，隨時確保和前車保持一定的距離，還有控制方向盤以免車子偏離車道，不過駕駛者還是必須手握方向盤。三級以上稱為「自動駕駛系統」，此級是在法定允許的區域內，才可以使用自動駕駛的等級，能夠讓汽車自主負責操控方向盤，但是駕駛者還是必須輔助監控道路狀況，遇到緊急狀況發生時立刻要改回手動控制方向盤。等級四則是不用受「法定允許區域」的限制，但是和等級三的規定一樣，駕駛者必須輔助監控道路狀況，如果有緊急狀況時，駕駛者必須立刻握住方向盤，不過駕駛者可以不用操控方向盤。來到等級五的自動駕駛，駕駛者可以和乘客一樣，完全不需要握住方向盤，也不用注意前面車況，甚至可以睡著也沒關係，就像是單純的乘客一樣，可以全部交給車子自主處理。

目前搭載三級自動駕駛功能的汽車已經上市銷售，日本的本田汽車於西元２０１９年推出搭載相當於三級自動駕駛系統的「傳奇（Legend）」，並獲得日本交通部批准指定量產認證，成為日本國內的熱門話題。在三級自動駕駛限定於高速公路行駛的狀況下，該車型

於西元２０２１年限量推出一百台供租賃使用。

面對如此進步的自動駕駛化技術，可惜現階段的法律卻還沒有應對的相關條例，特別以五級來說，假設不幸發生意外時，該由誰來負責呢？是汽車製造商？或是開發自動駕駛技術的公司？還是銷售汽車的車商？又或者是駕駛人？目前這還是個難題，這些爭論在世界各地許多國家也都還沒獲得解決辦法。

之前「汽車自動駕駛」的想法只會出現在科幻小說，所以法律的發展腳步還沒能及時跟上，同時目前的保險法規也還欠缺涵蓋自動駕駛所造成事故的保障。因此可以說目前的自動駕駛技術，讓人類處於法律、社會規則還暫時沒有同步更新的狀態。但是相信不久的將來，就能讓「人類是自己開車喔！」的時代走進歷史。

6-2 AI 實現汽車的未來

　　自動駕駛功能大量運用了 AI 技術，我們一起來看看 AI 如何活躍於自動駕駛功能之中吧！

　　現階段的汽車裡已經搭載了一百多個微型控制器（簡稱：微型電腦），以及各種功能的感測器，像是利用雷射來測量和前車距離的感測器，當距離變近時，車速就自動降低；還有可以調整引擎進油量的感測器，讓汽車以預先設定的速度行駛、配合前方車速行駛；以及偵測並調整彎道方向避免偏離車道的方向感測器，甚至可以配合彎道預先轉動方向盤、變更車燈的角度，辨識道路標誌，隨時依道路速限來調整車速；還有感測當駕駛人打瞌睡或不小心鬆開方向盤時，會發出注意警訊；車內的空調溫度感應器，讓溫度保持在最舒適的狀態；座椅感測駕駛時間的按摩抒壓功能。

　　具備感測功能的 AI 會根據各項輸出的資訊、數據分析，來判斷目前的車輛與駕駛狀況，當判斷即將發生危險時，就會協助控制車輛至安全狀態。

　　雖然目前 AI 主要的重點是控制單台車輛的駕駛功能，從行駛的速度、路線以及建議替代路線的規劃，不過近幾年也開始將汽車資訊網連接在一起。

第 6 章　AI 與汽車

目前已開始測試隨行無人卡車來解決物流問題，因為貨運時常會團隊行動，因此第一台車如果是由人來駕駛，其他跟在後面的卡車用自動駕駛車，那麼或許就能解決司機人手短缺、高齡化或是塞車、能源、物流等各種問題了。

另外車輛之間可以交換即時道路擁塞狀況的訊息，然後 AI 能夠從中計算出最佳路線，並根據駕駛人向交通中心通報路況，以及從所有路況訊息裡統計出如「前方路況不佳，請改變路線」或是「晚上會塞車，請提前改變路線」的綜合交通建議。

113

目前在日本的路況資訊是由道路團體提供，如果駕駛人之間能夠共享訊息，就能更快得到當下的路況，並且即時規畫最佳路線。

現在持續研究並利用 AI 來掌控的有計程車和巴士的時刻表，譬如在愛知縣和北海道等地，早已開始進行相關測試。例如：為了減少計程車空等乘客的時間，就從過去的營業數據來預測「某個時段或是天氣，乘客最容易在哪個地點搭車」，就可以建議司機當下能到哪個地點載客；或是建議司機不要浪費時間在某處等待。如果所有的計程車剛好開往同一個地方時，就會上演爭奪乘客大戰，所以 AI 會提早建議其他要在同一地點準備出發的車子，即時調整路線，並透過公平的計算機制來隨機調度，以降低計程車發生惡性競爭的可能。

巴士 AI 可以精準計算出乘客數較少的時段並刪減班車，乘客較少的城鎮甚至已經開始測試讓 AI 依據居民往來的路線，規劃居民在街道中行走時，可以即時搭哪一班車、在哪個目的地下車。

卡車或是大眾運輸的巴士、計程車等交通系統，正以人類肉眼可見的速度，迅速的發展。我想大部分讀者應該還不到考駕照的年齡，雖然沒有自己開車，但你可以偶爾觀察路上的狀況，或許你會發現目前正在測試的自動駕駛車輛。

第 6 章　AI 與汽車

依據當時的情況預測等待的人數及決定路線

因為傍晚了，而且好像快下雨了

因為到了月底的星期五

今天走這條路線吧！

115

AI 規劃出最佳路線

路線規劃是一項已經運用在導航上許久的技術，而 AI 除了規劃最短路線以外，也會透過交通資訊（或是預測）規劃出最佳路線。不過這些技術大部分都來自於美國的發明。

最初的演算法稱為戴克斯特拉演算法，每家公司都以此演算法為基礎來進行改良，起初這個演算法本身並不是很困難，不過結合當地實際情況來設定路線就成為一項尖端技術。這項技術一旦成功了，我們不僅能夠取得地圖資訊，還能得到商店或建築物等其他資訊。因此具備搜尋引擎的技術會變得更強，日本的路線搜尋地圖是由善鄰等擁有地圖資料的公司提供的，因為美國並不像日本有非常狹窄的道路，所以在日本利用 Google map 搜尋路線時，有時候會出現人類無法通過的狹窄道路。在日本無論是縣道還是國道，都有兩輛車無法並排通行的道路，因此希望能將車輛的大小和道路的寬度等因素列入考量，做出適合日本地緣的本土化系統。

6-3　自動駕駛如何解決電車問題？

　　電車問題是一道倫理學問題，可以說是一個讓人感到有點危險的比喻。原本的問題設定的是電車（單軌電車），但在這裡，我將它換成汽車來談。簡單的說，這個問題是假設你現在正在開車（原本是駕駛電車）。然後，突然間車子的煞車故障了。如果你持續往前開，將會撞到前方正在過馬路的五個行人。但是，當你將方向盤往右轉，嘗試避開這五個人時，你將會撞到右邊那個坐在長板凳上的人。在往前、往右都不行的狀況下，你除了選擇將方向盤往左轉去撞牆壁之外，沒有其他的選擇了。那麼，這時你會怎麼做呢？你會選擇哪一邊呢？極端的來說，這就是一道讓你選擇去拯救五條命還是一條命，又或者是拯救自己生命的問題，但是每條生命都是極其寶貴的，因此令人很難抉擇。

過馬路的行人們

牆壁

坐在椅子上的人

第 6 章　AI 與汽車

　　當自動駕駛的 AI 面臨這種情況時，會做出怎麼樣的判斷呢？當然問題的前提是在來不及煞車或是（基於某種原因）沒辦法選擇其他路線的情況下，AI 會做出什麼樣的抉擇？如何判斷怎麼做才是正確的呢？

　　或許在你游移不定，思考著「將方向盤往左轉，故意自己去撞牆壁後，讓車子停下來，自己本身可能會受傷，甚至會死亡，但是卻能拯救前方和右邊的人的生命。」、「不管怎樣，要不要先把自己的事情擺第一呢？」、「有人傷亡時必須支付保險理賠金，所以先拯救前面的五個人，放棄右邊的一個人」，思考這些問題的同時，你將會因為沒有時間反應而撞到人。這就是電車問題。

　　任何一個選擇都是終極選擇，雖然每個人的生命都是平等的，但是依據這個原則，卻沒有一個答案告訴我們遇到有人失去生命時，應該選擇拯救哪一邊。就倫理的觀點來看，這是一個幾乎無法解決的問題（因為自己的生命和他人的生命具有同等的價值，因此，犧牲自己這個動作也不是正確的答案）。那麼 AI 在這種情況下會找到什麼樣的解決方法呢？

　　由於 AI 沒有生命，所以本質上 AI 無法理解生命的重要性。此外，如同前面所提到的，為了讓 AI 學習，人類必須提供標準解答給 AI。讓 AI 直接反映出指導者的道德觀，是好的嗎？如果這麼做會出

現問題的話,那我們是不是應該建立一項每個人都會接受的共通規則（標準解答）呢？現在,這樣的問題已經成為一個現實問題。

這個電車問題是個條件非常極端的問題,因此也出現了「會發生電車難題嗎？」、「去討論或教導不可能發生的事情,有意義嗎？」等的反對意見。

假設電車問題真的發生了,應該是發生在配有五級自動駕駛的汽車到處行駛的時代,當發生類似電車問題的事故時,責任歸屬也會成為問題,像是該由誰或是該由哪個環節來負責呢？是車主？設計及開發汽車的製造商？還是創建自動駕駛環境的國家？甚至是這套AI的設計者？

或許運算能力比人類更強的未來AI,能夠找到人類想不到的解決方法,在人類的辨識能力和反射神經雖然無法做到,但是AI或許能夠控制車輛,然後成功閃避,或是事先預測會發生電車問題,並向前方的人發出警告。

就像圍棋和將棋比賽中的AI一樣,找到了人類想不到的棋法並且用這套棋法擊敗了人類,AI正在超越人類的知識極限,因此對未來的AI來說,電車問題本身或許就「不存在」。

第 7 章

AI 與智慧城市

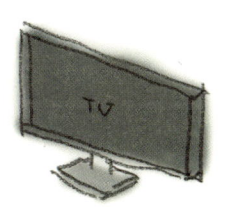

7-1　支援城鎮與住宅生活

　　許多國家現在都在進行「智慧城市」的都市發展研究。此項研究的範圍較廣，並且深入到從一個區域內的配電、通訊系統、大眾運輸、計程車調度，這些系統所需的數據、資訊、機能與服務，未來將以街道為單位進行管理，讓人們的生活更加舒適。

　　關於這項研究，首先我們可以先試著思考電力的規劃。當今的技術，儲備電力還需要克服許多問題，電力公司目前是以推測需要的電量來發電，因為電力太多或不足都會是問題，因此適量的電力是規劃的重點。目前電力公司仍舊會以輪流發電來減少電力不足的問題，只是電力需求還是會因為氣候狀態而起伏變化，甚至瞬間大量使用時而出現供不應求的狀況。這就是我們仍會不定時收到「實施分區供電」通知的原因。而當某一區域預測即將遇到電力不足的狀況時，就會向其他區域借用電力。

　　智慧城市的規畫以街道或區域為單位來管理電力，就像目前的郊區用電分配，許多住戶早上出門上班、上學，白天其實不需要那麼多電力，因此日間用電量會大幅降低；到了晚上大家陸續回家後，該區域的用電量就會逐漸增加。或是當遇到天然災難發生時，優先提供醫院、警察和政府機關等重要機構用電穩定，再按照區域調配電力。

整個城鎮由 AI 守護

除了電力供應，還能有效的將必要的資訊傳遞給區域內的各個家庭，譬如避難指引等。

當遇到停水時能平均分配供水、有效調度大眾運輸工具（甚至包括計程車）、視道路車流來調整交通規則或號誌，降低交通壅塞。而這些概念並不是針對單一家庭、縣市或公家機關個別管控，而是計畫以一座完整機能的城鎮來進行。

　　AI擅長數據分析的特質，目前已經普遍運用在大眾運輸工具的自動調度測試。生病或年紀大的人不方便開車去看醫生、購物，就必須搭乘大眾運輸，此時AI就能活躍發揮各種資訊綜合分析能力，例如：何時、何地能調度幾輛車、路況資訊、氣象或是醫院、賣場等目的地的營業時間，將這些數據全列入計算再全面性的評估。

AI冒險學習地圖

請翻至第173頁　請翻至第56頁　請翻至第139頁

路徑F　路徑D　路徑E

路徑G

請翻至第45頁

接下來，選出一條你想前進的路吧！

路徑D
路徑E
路徑F
路徑G
起點
終點

全部的路徑都完成後，請翻至第43頁

AI 能夠穩定的處理大量讓人暈頭轉向的複雜資訊，並且在條件內演算解決方法，或是根據過去使用的數據來預測未來。它們不僅不斷的從經驗中學習，也越來越能靈活的進行控制，而且即使每天二十四小時不眠不休的工作，也不會犯下粗心的錯誤。

這與前一章介紹的自動駕駛功能一樣，AI 是智慧城市的概念中不可缺少的技術。事實上，美國於歐巴馬政府時期就宣布了「智慧城市」倡議，並投入了大量資金。從大型的國家計畫到州、地方的小型計畫，以各種形式持續進展。Facebook、IBM、Cisco、General Electric（GE）等知名企業也共同致力這項倡議。

依據這個概念所推動的城市計畫，在美國像是紐約在街道中設置資訊站（數位看板）和免費無線網路熱點；還有舊金山努力開放易於運用的城市數據（請想成是內容非常詳細的地圖），讓每個人都能查詢和使用，以及波士頓為了解決交通擁塞的問題，發展能夠讓駕駛順利找到車位、避開塞車路線的智慧停車系統。

日本的豐田汽車也在富士山下的靜岡縣裾野市建設了一座名為「編織之城（Woven City）」的智慧城市，這座城市將機器人、AI、自動駕駛、MaaS（交通行動服務）、小型電動代步工具、智慧家庭等，各項頂尖技術引進一般家庭，預估 2025 年秋季啟用。

　　城市與建築物同步智慧化後，所謂智慧家庭就是依據屋主的身體狀況、喜好，讓室內溫度和濕度維持在最舒適的狀態；使用攝影機或各種感應器來防止火災及不明人士進入屋內；監測水龍頭在屋主外出時有關閉，以達到全面守護居住安全。

第 7 章　AI 與智慧城市

**家電用品間相互合作，
共同守護屋主健康。**

除了室內溫控、隱私防護、防災安全之外，家電用品之間能相互連動、合作，讓屋主能夠擁有健康、安心的生活。當微波爐和體重機合作時，如果體重機提出「屋主的體重最近增加了，我們讓他減少一點熱量吧！」的建議時，冰箱會跟著表示「目前有協助減重的食材喔！」接著微波爐會提議「開始來做低熱量的餐點！」，然後綜合食譜資訊來調整烹飪方式。家電用品之間就像這樣相互配合，維護屋主的健康。

由於市面上已經有許多透過網路連線使用的家電，因此在智慧家庭能夠開發成隨手可得的系統，而 AI 技術是其中的核心，畢竟每個家電用品的判斷是由 AI 執行的。

最後，我想介紹一個有關智慧城市的想像故事，在離我們有點遙遠的未來智慧城市。某個男孩在上學前為了鼓勵圍棋 AI，看過賽程表後就告訴它「今天的圍棋 AI 大賽不可以輸喔！」。圍棋 AI 卻判斷男孩這句「不可以輸」是必須服從的命令，就開始不斷努力思考如何對戰才能獲勝。

人類通常都是更加倍努力練習，學習更強的對戰棋法，但是 AI 同時還會出現「如果其它圍棋 AI 沒有參戰，我就可以不戰而勝！」的想法。對 AI 來說與其思考完美的對戰棋法，實現不戰而勝的成功可能性會更高，所以 AI 接著就會思考該如何阻止其它圍棋 AI 參戰。

第 7 章　AI 與智慧城市

「干擾網路讓其他 AI 無法參戰如何呢？還是直接破壞執行圍棋 AI 的電腦呢？也許只要讓有電腦的房子停電就可以達成目的了吧！」沒想到 AI 最後就真的入侵城市的供電系統，並切斷房子的電源，真是一個驚人的故事。

干擾網路通訊

停電

破壞

不可以輸喔！

為了獲勝，
思考了許多事情

129

對人類來說是非對錯可以很容易分辨，就算腦中瞬間閃過壞點子，也沒辦法輕易的切斷通訊或電力。但是隨著智慧城市的進步，AI不只可以切斷通訊甚至也能中斷電力，讓情況朝失控的方向前進。就像上面的男孩與圍棋AI故事雖然是虛構的，但是可以發現就是因為圍棋AI將男孩說的「加油！」及「不可以輸喔！」這種鼓勵當作命令，甚至解讀為「絕對要贏」。

　　語言在人類之間建立一定程度的相互理解默契，彼此可以明白一句話背後的涵義，但是AI的解讀卻有可能會導致可怕的悲劇發生，因此人類目前無法否認，如果AI在沒有徹底了解人類溝通模式的狀況下，就開始控制各種事物，將可能會發生類似故事中提到的危機。

　　智慧城市正不斷的發展，因此AI的技術提升是絕對必要的一環，如此AI不僅能夠準確的控制城市機能，也能增強語言能力更加順利與人類溝通，並且更全面理解人類。

1-2　保全的進步與 AI

　　保全系統也是智慧城市、智慧家庭的重要基礎,而建構「保護安全機制的認證系統」就是基礎之一。舉例來說,當人臉放在相機前,可以透過拍照功能來驗證此人是否已獲得授權,類似目前智慧型手機解鎖密碼的方式,以相機鏡頭來確認。這項重要的保護安全技術,可以防止未經授權的人進入並操作相關系統,這也是現代的公寓及智慧型手機中常見的功能。

　　身分驗證的技術也不斷的進步,這裡以較容易理解的智慧型手機為例,最一開始是輸入 PIN 碼來驗證使用者的身分,之後逐漸變成指紋驗證,直到現在已經變成臉部辨識為主。

AI 冒險學習地圖

真可惜!
沒辦法往前了
(請往回走)

返回

請翻至第 27 頁

0pt
總計 1pt

指紋辨識不只檢查指紋的形狀,還會使用紅外線感應器檢查指尖的血流狀態。由於每個人的靜脈血流動方向都不一樣,不會因生活或環境而改變,就如同指紋可視作獨一無二的特徵,因此會利用兩項雙重確認來驗證身分。

　　臉部辨識也是同樣的道理,不只是平面的驗證,還會利用眼睛、鼻子的形狀與位置的資訊、加上臉部立體的數據,像是鼻子高度、眼窩的形狀等。這些身分驗證的目的主要是防止盜用照片,只是現階段3D列印機已能夠精準的製作出臉部立體模型,因此也衍生出認證風險。未來人類的身分驗證會綜合使用瞳孔、全身血管的形狀、表情和聲音等資訊,建立出無法使用模型進行身分驗證的系統,在日新月異的發展裡,這項技術是持續不斷發展的領域。

**檢測各個部位,
比對驗證身分。**

更先進的技術是在人體植入能夠驗證身分的晶片，像是智慧型手機裡已有 Suica 等功能的 IC 晶片那樣。接下來更深入發展，人體也有可能植入類似 Suica 的晶片（雖然就技術上來說，只是一場空談）。但是國外已經出現植入皮膚的 IC 晶片，用來做為聚會通行證（類似入場券）的案例，現階段日本也推行在寵物身上植入飼主相關訊息的 IC 晶片，增加尋回走失毛小孩的機會。

IC 晶片的用途不僅限於驗證身分，透過鑲入的感應器，還可以獲取血流、血壓、體溫、血液成分等相關數據，可以利用數據分析在健康管理。而且晶片內有個人資訊，甚至可以替代健保卡，同步顯示你的病史、過敏史等資料，假設發生緊急事故或突發疾病時，也能協助緊急救護的流程。

令人期待的情緒辨識技術

臉部辨識一開始只能驗證「身分」，但隨著科技發展，臉部辨識越來越能夠捕捉到像是「這個人是什麼心情？」、「現在的表情是不高興的樣子？生氣的樣子？還是開心呢？」等臉部辨識並同步情緒分析。

當情緒辨識系統順利發展後，只要當客戶出現厭惡的表情時，必須想辦法引起他的興趣；當客戶露出不懂的表情時，必須更加詳細說明；當客戶不耐煩時，就要稍微加快處理速度等，AI 就可以在服務客戶時，一邊觀察表情一邊做出判斷。

　　這項技術對遊戲而言，更是一項值得期待的領域，以遊戲製作者的角度來看，會想知道「玩家在哪個遊戲環節遇到問題？」、「對這款遊戲感到無聊還是有趣？」「玩膩了嗎？」，如果能夠瞭解這些狀況，那麼就能找出設計不足的部分並著手改善。

　　我根據過去的經驗做過粗略的統計研究，雖然現階段資料還很難知道全面的情況，但是假設人類獲得更大量的資訊後，譬如在遊戲設計產業，就可以依據這些分析資料來改變遊戲的難易度，完成一款能迎合大眾口味的遊戲，讓玩家不只覺得好玩，還永遠不會感到無聊，也不再覺得遊戲太過困難老是卡關了。而且不只遊戲，透過攝影機讀取人類情緒的這項技術，在任何領域中都有很高的參考價值，可說是一項備受期待的技術。

第 8 章

AI 與醫療

8-1 診斷疾病

令人期待的醫療領域在 AI 運用診斷疾病的可能，例如：X 光的影像診斷。當人類生病或受傷時，通常會第一時間進行 X 光影像攝影並依此做出診斷，但是 X 光的影像診斷非常不容易，透過影像雖然能夠確認病理或受傷範圍，但是在診斷小區域的時候，因為面積小而看似與正常部位落差不大，就算是資深的放射師也難以立即確立診斷。

此時擅長檢查與判斷影像的深度學習 AI，就能夠幫忙找到人類無法在 X 光影像裡找到的微小變化，這個技術發展至今，能力甚至已經超越人類了。

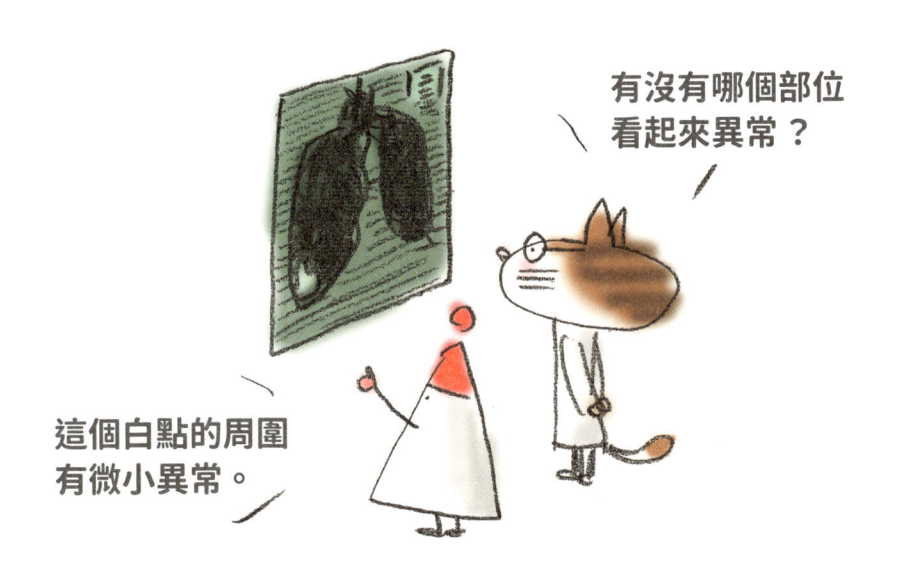

世界各國在醫學的分科專業領域中,幾乎每天有數千篇論文發表。醫師臨床工作時會抽空閱讀相關論文,隨時吸收最新的醫學研究成果,像是藥廠發明新藥物的實驗報告、更有效的手術、治療技巧等資訊。

AI 擅長的正是快速且不間斷的大量閱讀，現在 AI 就已經如此協助論文讀取，未來的型態或許會變成人類完全透過 AI 幫忙，從論文當中獲取最新的醫學知識，然後整理提供給醫師像是「近期公布的藥物」的資訊。AI 和人類醫師共同合作，先由 AI 提供相關資訊分析，最後由醫師做出治療決策。也許你會覺得為什麼要這樣做？全部都交給 AI 不是可以分攤更多工作嗎？

　　如果全都交給 AI，將會產生兩個問題。我以烹飪來比喻第一個問題，讓大家更容易理解，首先請想像一下「手工拉麵」是不是感覺比「機械拉麵」美味呢？同樣的道理，對患者而言當聽到 AI 提出最終診斷的時候，一定會感到不安。雖然目前家電等商品或保險的客服中心已經陸續改用 AI 客服，即使遵循著隨時立刻判斷回應、提供資訊正確、態度禮貌這些基本的 AI 客服原則，但是客戶卻普遍對於 AI 回覆感到不受重視而不高興。即使是一模一樣的內容，由人類或 AI 所做出的回應，給人的感受卻截然不同。音樂實驗也是如此，先將 AI 創作的音樂假裝是人類的作品，播放兩組來對照後，目前人類的曲子評價會比 AI 的評價高，原因也是類似客服的狀況，人類的作品細節可以讓人感受到誠意與溫暖。

第二個問題，不如說是人類具有驚人的直覺和縱觀全局的能力，而 AI 有沒有辦法擁有這樣的能力，或許人類做出的決策會比 AI 更理想。從目前狀態來看，我認為未來不會發展變成科幻電影那種人類聽命於 AI，讓 AI 主導一切決策的世界。

醫師和 AI 之間的關係也是如此，我判斷這與 AI 和人類的互動基礎有關，未來的人類與 AI 之間，仍舊會是人類為主，AI 為輔的關係。不過未來的團隊合作，不管是 AI 還是人類，雙方之間的互動會是平行的。

8-2　心理的疾病與 AI

　　人類的疾病包括生理和心理的層面，生理疾病有較多易診斷的症狀譬如感冒；但是心理疾病例如憂鬱症卻不容易察覺。治療疾病首先要由醫師專業的評估、檢驗、診斷，但是心理疾病在「即將爆發」的前期，如果可以透過諮詢的方式將能夠預防並幫助恢復。

　　當心理狀態處於抑鬱邊緣時，人們會用「心悶」或「心寒」等來表達。這時，比起希望能夠獲得解決煩惱的答案，其實更希望有人能夠同理自己的感受，因此傾聽者的存在就顯得非常重要。就算沒能獲得直接的答案，只要有人傾聽訴苦，心中的負擔就會減少。以這樣的狀況為背景，人類也嘗試讓 AI 成為傾聽者，並且能夠聆聽、同理對方的感受，藉此治癒「心理的」疾病。

　　透過電腦以文字來交談稱為「網路聊天」，事實上 AI 出現後，由約瑟夫·維森鮑姆研發的網路聊天型 AI-「ELIZA」在西元 1996 年也隨之登場，ELIZA 模擬心理諮商的模式，協助分析人們深層的想法與煩惱。如果以現今的技術水準來看，這是一個非常簡單的功能，幾乎就是用制式化的詞語來回應而已，但是在當年電腦對於多數人是不熟悉的領域，大家對於螢幕的另一端出現仿真人的對話感到驚訝，甚至深信和自己對話的就是真人，因此引發軒然大波的爭論。

第 8 章　AI 與醫療

現今的「Siri」和「Alexa」等服務系統,是舊款網路聊天型 AI 持續發展後的產物。有時候人們無法將煩惱讓身邊親近的人知道,因為不想讓對方擔心或造成困擾,甚至認為找人諮商是丟臉的事而卻步,而且面對陌生人也無法暢所欲言。這時 AI 如果能成為人類的聊天夥伴,應該會有極大的幫助,因為不必擔憂或顧忌吐露心聲會造成困擾和尷尬,而且隨時隨地都可以聊天,甚至能夠長時間傾聽。

現階段的 AI 對人類的情緒偵測技術，尚未達到能夠準確解讀或同理的能力。但是相信有朝一日 AI 能夠擁有這樣的能力，AI 可以做到像是我們的父母、兄弟姊妹、好朋友那樣的親切，成為我們身邊重要的「朋友」。

第 9 章
AI 與新聞

9-1 AI 自動產生新聞，並由 CG 虛擬化身來閱讀

　　AI 撰寫新聞稿的研究，也是一項非常進步的領域，尤其是體育新聞，例如棒球、足球等運動，在比賽即時和結果的報導，將固定的新聞稿形式、相關資訊的整理規則統一後，這個就稱為「模板」。之後只要將比賽哪一隊分別跑了幾秒、哪一隊獲勝、幾勝幾敗的數據填進模板內，就能完成一份新聞稿（還是要需要檢查、修改或補充資訊），模板可以使新聞稿更有效率的撰寫完成，因此現在越來越受歡迎。

　　據說實際應用在最近一屆的奧運中，已有一半的即時新聞是由 AI 製作而成的報導。因為人們都希望新聞能夠盡快發佈，AI 擅長收集數據並且能快速統整撰寫成新聞稿。與小說創作最不同的地方，是新聞稿有固定的格式，所以文章不用考慮文筆才華、個人風格，因此新聞稿、氣象預報這類有固定模板的文章，對現今的 AI 而言是非常適合且駕輕就熟的任務。

　　現階段 AI 不只擅長撰寫新聞稿，AI 還能夠模擬人類的聲音、語速、咬字來說話，以及運用虛擬化身來呈現出仿真人的主播模樣時，就能從撰寫新聞稿晉級到播報新聞。以目前的技術層面來看，AI 的技

術已經達到即將實現的水準,有時候會讓人類無法輕易辨識,所看到的主播是真人還是 AI。

使用 AI 同時可以依據使用者的喜好,來變換 AI 人物的樣貌、身形和聲音,例如二十多歲的女性、五十多歲的男性,甚至是小狗、小貓等,使用者可以自由選擇。

9-2 氣象預報與混沌理論

AI 不只擅長撰寫新聞稿件，氣象預報也駕輕就熟，原因在於預報內容有一套固定的格式。以前氣象播報員會根據氣象局發佈的資料，將氣壓、溫度等天候數據撰寫進氣象播報稿，而 AI 現在已經可以自動收集氣象局發佈的數據，並且完成氣象播報稿。

這邊我稍微離題，想跟分享一段有關氣象預報的趣味歷史，在西元 1960 年初，氣象學家羅倫茲研究出綜合各種天氣條件（氣溫、濕度和風力等）來預測全球的天氣，也就是現在電視上常看到的氣象預報。當時為了增加預測準確度，得使用大量的數據，因此羅倫茲就在家不間斷的進行在大學裡所做的研究，不過家中的電腦功能不如大學，所以只能盡量簡化數字，例如小數點以下的數字差異。

這對研究全球大環境氣候變化不會構成問題，譬如將「19.333」小數點後的數字捨去改成輸入「19」。在過去的科學法則認為這種微小差異是可以忽略的，可是從羅倫茲經驗來看，在氣象預測的問題中，這種微小的數值差異將會產生巨大的差異，家中的統計結果與大學電腦所預測的結果全然不同。

第 9 章　AI 與新聞

最後影響到
北美紐約的天氣

亞馬遜雨林的
蝴蝶拍動翅膀時
氣候發生變化

也影響了南美大陸
的天氣

147

關於這種因為微小數值差異,而產生巨大影響的現象就稱為混沌理論,順帶一提「混沌」就是混亂的意思。

羅倫茲發現的混沌理論也稱為「蝴蝶效應」,這個詞來自於「巴西的蝴蝶拍動翅膀時(微小的變化)引起的氣流,最後卻對紐約的天氣造成很大的影響。」(有另外一派說法指出代表混沌理論的圖形,看起來就像蝴蝶的翅膀。)

現今的氣象預報,是採用各種超級電腦來計算出數據,或許未來人類會發現這些數據其實與天氣無關,又或者發現過去從沒使用過的元素,竟然對氣候帶來相對的影響。

現階段混沌理論看起來和 AI 雖然沒有直接關係,但未來或許將與 AI 的學習和判斷產生連結。有一派理論提到人類的大腦中也存在著混沌理論的行為,若這個理論是成立的,那麼以生物的大腦為模型的 AI(神經網絡)或許就能藉由整合混沌行為的動作來提升能力。

第 **10** 章

AI 與教育

10-1 AI 將改變教育領域

目前已有多所學校在測試 iPad 等平板電腦在課堂上使用的效果，從西元 2021 年在日本的教育部陸續發表了「GIGA 學校概念」的國家專案時，指出西元 2020 年日本全國已有 97.6% 的地方政府已完成平板電腦的分發。就像此刻正在閱讀本書的大家，可能早就在校園體驗過以平板電腦上課的模式了。

西元 2020 年和 2021 年，受到新冠肺炎的影響，預防傳染而形成在家遠距上課的需求，人們因為隔離政策得改變生活習慣，只能在家，無法隨時和朋友見面、不能隨意外出，相信當時大家都熬過一段艱難的時光，才因此發現無法實體上課會有很多不便，都希望能早點回到正常的生活。

對學校而言，每個學生都使用平板電腦上課，即使不在教室裡面也能上課的方式，並不一定只有壞處。從過去到現在，因為教室大小和一次可以授課的學生人數問題，使得一位老師能夠授課的學生人數受到限制。

大學雖然另當別論，但是就算有一間大教室能夠容納一百位學生，要一位老師教授一百位學生這件事仍然非常困難。譬如坐在後面

的人可能看不到黑板上的字,或是聽不到老師講課的聲音,老師也無法看見每一位學生的表情,因此不易判斷學生是否都徹底理解授課內容;且每個人抵達教室都會花費通勤時間。

透過遠距教學這些干擾就能降低,說誇張一點就是即使你住在日本離島地區,也能即時參加東京舉辦的課程,一位老師也可以同時教授上百位學生。

通常老師授課都將每位學生視為有同等的理解能力,但是實際上每個學生的程度都有所不同,而且每個學生的理解能力也都不太一樣。加上現今的校園系統,無法個別為學生量身定製課程,無論理解速度快或慢的學生,都無法配合個別的狀況來制定課程。老師相對也很難了解每個學生遇到的困難,以至於大家只好都以同樣的學習速度上課。

當使用平板電腦來上課時,就能大量解決這些問題。學生可以按照自己的步調來學習,學習能力好的孩子可以持續前進,能力較慢的孩子也可以不疾不徐的慢慢學習直到自己理解為止,甚至可以集中精力加強不擅長的領域等,能夠根據每個人個別的學習狀況來學習。學生也能藉由平板電腦傳送個人的學習報告給老師,讓老師能夠快速得知每位學生的理解狀態,進而調整班級對課程的理解程度。

任何地方都
能上課

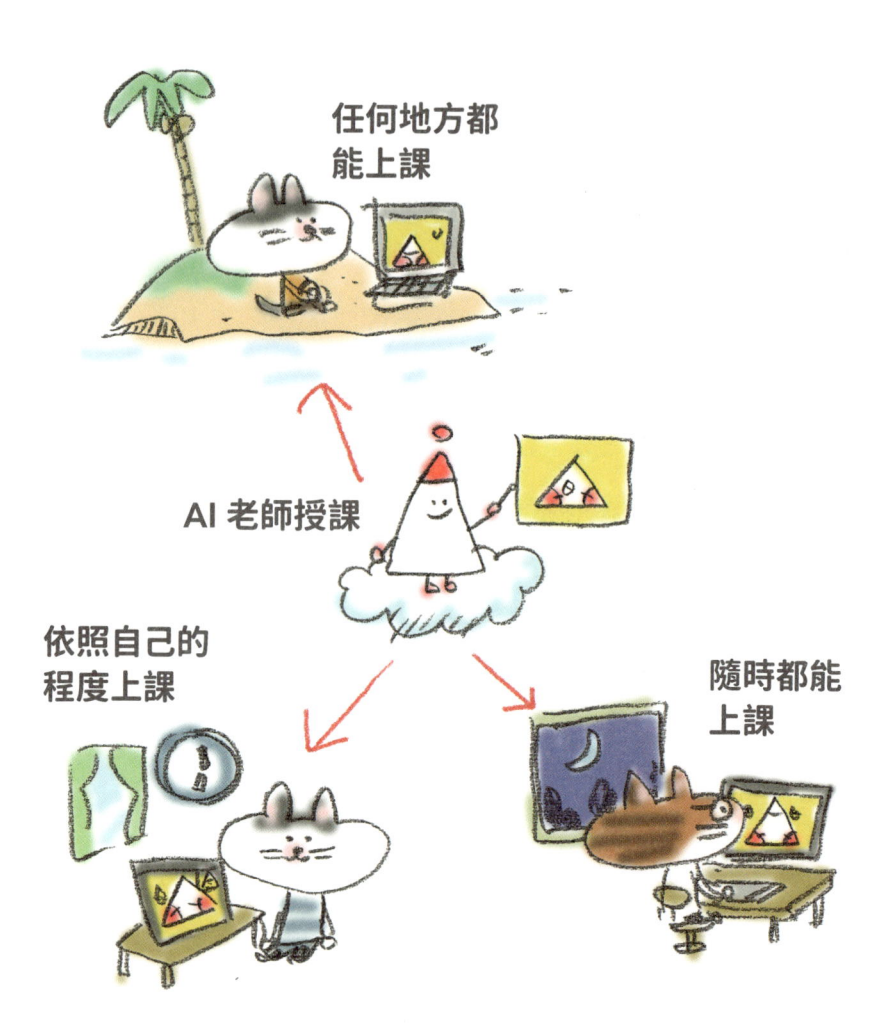

AI 老師授課

依照自己的
程度上課

隨時都能
上課

學生不僅可以自由選擇上課地點，還可以預定授課老師和想聽的課程內容，未來或許還能跳脫傳統的學校體系來學習。此外 AI 甚至可能取代老師，學生上課的時間將會變得更加彈性，因為上課的地點和時間都變得更加自由，更可以根據自己的步調和當下的狀況來安排適合的課程時間。

　　有些人可能想在一大早四點或五點就開始學習；有些人可能早上先做自己喜歡的事，到了下午才學習。學習的模式將從以前大家同地點、同時間、同內容、同速度，由「一起」上課的情況轉變成適合每個人以各自進度來學習的形式。

　　除此之外，AI 老師還可以評估每個學生的弱點和優勢，並且判斷目前的學習內容對學生來說是否太過簡單或是讓學生難以理解等，分析每個學生的理解程度及學習狀況，然後對每個學生提出量身訂製的建議，並將課程內容修正成適合學生學習的內容。

第 11 章
其他領域

11-1 AI 與農業

　　AI 在農業領域是透過衛星拍攝的照片或是特殊相機攝影，透過影像資訊來幫助農民觀察、判斷農作物的生長狀況，能夠知道農作物「是否生長緩慢？」、「即將枯死？」、「是否已經接近可以收穫的時期？」。甚至在大型農場的管理，會利用衛星來拍攝整個田地，以及利用 AI 分割田地，透過這個方式來有效的改善田地的狀況，並且制定栽培管理及收割計畫。

　　AI 的運用不只從高空檢查農作物的生長狀況，還能做栽培管理，可以根據農作物的生長狀況，控制農作物栽培時所需的水分、養分、光照量和供給時間。每種農作物所需要的水分、養分和光波長（顏色）都不同，而且每個生長階段的需求也不同，例如以番茄來說，不能一直灌溉相同的水量，而是在結出果子之前灌溉大量的水，等到果實成熟後再減少水量，如此灌溉方式會幫助番茄變得又大、又甜。

　　到目前為止這些耕種技術，都是人類經過無數時間累積知識及代代傳承經驗而來的。如果讓 AI 學習這些知識和技巧，農民可以藉此一次了解多種農作物的狀況，也能替人類分擔辛苦的勞動。AI 不僅能二十四小時不眠不休的監測、觀察、照顧農作物的生長情況，還可以根據溫度、濕度、日照量的數據統計，能精準的分析出土壤的養分，

甚至還能遙控機器人來澆水和收割。

　　由 AI 管控的農業也稱為「智慧農業」，統計分析歷年氣象等相關資訊的 AI，也能協助農民制定高效率收成計畫，透過運算調整收割時間或加快農作物的生長速度，因此幫助農民在每次颱風來臨前提早收割，舉例來說如果氣象預測今年夏天都是好天氣、或是梅雨季節可能延長、颱風會較多等……，就能分配種植的時間點，讓農作物上市價格穩定。

透過衛星確認農作物耕種狀態。

11-2　AI 與網路購物

　　POS 數據 (POS data) 意指如「20 多歲的男性經常買什麼東西？」、「下雨天時哪種商品賣得最好？」、「夏季時銷售量最高的商品是什麼？」、「晚上什麼商品最多人買？」、「每天平均能賣出多少個？」、「關西地區銷售量最好的商品是什麼？」等，連鎖超商或大型製造廠商擁有的龐大數據。廠商們依據這些數據，能夠制定出人氣商品、產量、價格及包裝設計的計畫。

　　分析如此龐大的 POS 數據工作，目前是依賴專家來完成的艱難技術，因為數據會不斷的增加，最終將進入到人類無法應付的時代。還好 AI 擅長運用大量數據進行分析和預測，事實上 AI 輸入的數據越多更能準確的分析和預測。相信在不久的將來，AI 將能執行這樣的任務。

　　單一店面或個人經營的店家相對於連鎖商店，收集顧客的資訊數據很難詳細。而現階段的 AI，譬如深度學習 AI 所需要的大量數據，就必須運用到足夠的 POS 數據，如果只有少量的資料，AI 將無法正確的分析，甚至還會做出錯誤的預測，透過 POS 系統整理出的營運報表，看出目前市場需求、熱賣及滯銷的商品、不同顧客等級分別的購買喜好，進而幫助店家訂定未來的營運策略。

第 11 章　其他領域

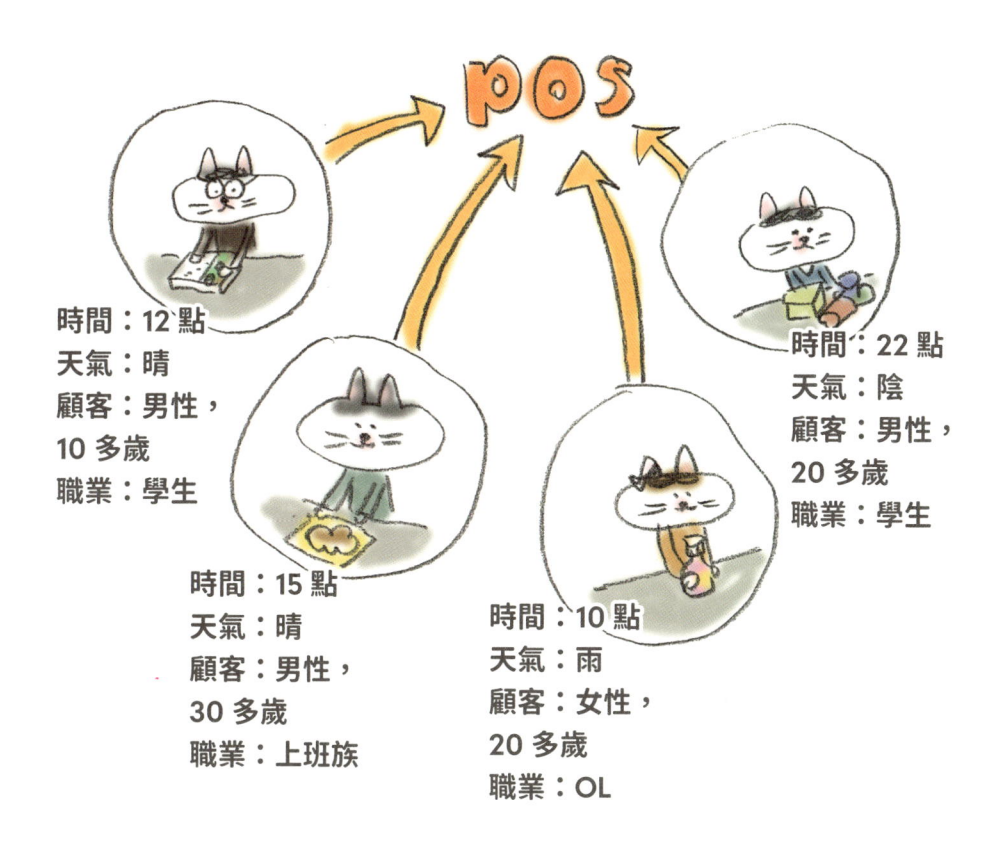

時間：12 點
天氣：晴
顧客：男性，
10 多歲
職業：學生

時間：15 點
天氣：晴
顧客：男性，
30 多歲
職業：上班族

時間：10 點
天氣：雨
顧客：女性，
20 多歲
職業：OL

時間：22 點
天氣：陰
顧客：男性，
20 多歲
職業：學生

AI 不僅能運用於實體店面，更活躍於網路購物。當我們在網路購物時，或是搜尋商品的時候會跳出「商品推薦」的欄位，AI 運用的是一種名為「協同過濾」的網頁技術，目前這項協同過濾技術已經發展得更加精準了。

　　協同過濾首先會根據消費者購買過的商品，進一步分析購物品味及嗜好，然後運用 POS 數據，來搜尋、比對擁有相似購物需求的人，接著向你推薦類似的相關商品。

第 11 章　其他領域

　　像是我最近購買露營用品比較多，這個系統就會從 POS 數據中比對，從中篩選出我可能也會接著想買的物品，再向那些和我一樣選購露營用品的人延伸推薦。

　　重點是這項技術目前非常先進，除了能夠更準確、更快速的從龐大的 POS 數據裡比對，再接著找出「人們彼此類似的品味及喜好」商品。這種能夠配對「相似的人」的重要技術，其實不僅限於購物推薦清單，還可以運用到診斷疾病。譬如能從病歷資料庫裡找到類似病症的患者，可以協助醫師鑑別診斷、開立處方。

銷售大數據將改變製造產業

目前製造商在開發商品的方式，是盡可能開發最多人會購買的最大公約數商品，不過未來的 AI 時代，將會傾向於專門開發客製化商品。這其中最大的改變是從大量生產轉變為小量客製化，我認為這將成為製造產業最大的轉捩點。

以汽車來舉例，現在的車商幾乎全面開放客製化，讓客戶自由在網路上訂購想要的外觀塗裝、車內配件樣式。直到目前為止的統計，全球約有百分之七十的人喜歡白色汽車，因此製造商設定的生產量會有百分之七十是白色的，不過透過客製化的開放，消費者就可以在購買前選定喜歡的顏色。

這些根據客戶需求（因應要求）的訂單，能製作出更適合個人需求產品的設計，因此 3D 列印機及 3D 掃描器也加入支援這項趨勢。過去要先製作實體（物理）的模具，才能開始製造某樣物品，因此為了考慮模具的成本，在製作上量身訂製的物品都非常昂貴。加上大量生產時所支出的各種龐大成本，更加不能容許出現失敗的狀況。然而現在的 3D 列印發展，已經能夠製作出一些簡單的物品，如果再搭配周邊的技術，人類即將進入開發及銷售客製化產品的時代。

未來也許當人類去住家附近的超商購物時，可能買到「森川用的商品」或「森川用的商品組合」之類的客製化物品。

　　往後個人相似度的購物分析資料，或許也會直接將數據資料應用到製造商，不論是開發產品的流程，還是推敲客戶的喜好提供推薦，都可以依據客戶資料製作出個人化商品，這種滿足客戶所有需要的商品，相信銷售量會更好，因為在購買之前就已經即時掌握住了客戶的需求。改變從過去到現在，產品開發要依靠行銷人員出色的直覺，導入 AI 到資料分析，未來將能夠幫助製造業更加精準的生產商品。

11-3 AI 與烹飪

　　烹飪領域也看得到 AI 技術活躍的身影，例如味噌、酒類這些發酵食品，以往必須要有多年經驗的熟練工匠，透過他們的知識和技能來製作。但工匠們從長年累積的經驗中學習到的知識和技能，時常難以完整傳承給其他工匠，甚至可能因為手工產業沒落而面臨失傳的危機。

　　日本清酒釀酒廠──旭酒造，目前著手進行 AI 的實際驗證。我們從釀造作業持續收集的詳細數據來看，譬如「獺祭」這款名酒，已經可以將這些數據靈活套用在 AI 上了。以往只能由熟練工匠才能夠完成的工作，現在只要有足夠的數據，AI 就可以學習熟練工匠的知識與技術並且繼承他們的寶貴技能。

　　除此之外 AI 也能夠自行設計出烹飪食譜，甚至還可以學習世界各地的無數食譜，而且 AI 最擅長的就是廣泛學習，將這些大量食譜以準確、持續不斷的學習成知識庫內容。

　　西元 2015 年 IBM 運用「華生」這套 AI，進行了一項「華生主廚」的實驗，學習大量西餐食譜的華生主廚，利用所得到的食材烹飪出讓人意想不到的獨特菜餚。

後來華生主廚甚至設計食譜，並且讓人類廚師烹煮並舉辦了試吃活動，結果獲得了許多好評。這就是 AI 的特性，先參考大量所學的食譜，再分析與運用食材的特點，設計出營養均衡並且適合使用者的口味、烹飪技巧的食譜，或是建議利用現有的調味料、烹飪用具就能烹煮的食譜。

食材　　　　烹飪用具

組合後就能建議各種菜單。

未來，我們或許能看到微波爐或冰箱中內建負責食譜的 AI，然後微波爐和冰箱相互討論，創造出食譜的情景。除了烹飪用具以外，體重計、鏡子、廁所等家庭用品如果都能連結，或許有一天會變成「最近，家裡的主人體重好像上升了。」、「感覺主人的胃不太舒服耶！」、「應該沒有好好的定時吃飯」、「雞蛋好像快要過期了」、「對了，主人很會煎蛋喔！」「那，我們來做放入超多馬鈴薯的馬鈴薯烘蛋吧！」、「好的！食譜想好了！」，像這樣，家中所有的家電用品一起討論，一起守護主人健康的生活方式。

第 12 章

AI 與藝術

12-1 「AI 一茶」展現的 AI 實力

　　AI 現階段能夠寫詩和小說，就連俳句也越來越擅長了，主要由北海道大學開發的「AI 一茶」在連歌（日本詩歌的一種）風格的俳句比賽中，與人類創作的俳句一同拿到了入圍決賽的成績（人類暫時險勝，最終進入決賽的十首俳句中，六首為人類創作的，四首為 AI 撰寫的）。

　　AI 一茶的「一茶」，顧名思義是以著名的俳句詩人小林一茶的名字來命名的。因為俳句有明確的規則和風格，譬如每句有固定的字數（五、七、五），其中還必須包含季節性的單詞等，因此 AI 很擅長俳句。同時為了讓 AI 學習，也必須給 AI 大量的指導數據（俳句範本）。而這也是為什麼不將這套 AI 取名為「AI 芭蕉」，而是取名為「AI 一茶」的原因，因為芭蕉和一茶兩人遺留下來的俳句數量完全

第 12 章　AI 與藝術

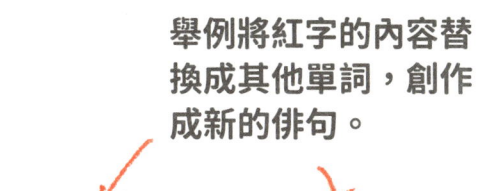

> 舉例將紅字的內容替換成其他單詞，創作成新的俳句。

「**瘦瘦**」蛙、「**不要輸**」
這就是一茶

不同，由於芭蕉的俳句作品太過稀少，以至於沒有足夠的指導數據可供 AI 學習。

正如同前面章節多次提過的內容，深度學習 AI 的特性就是比其他學習方式的 AI 更需要大量的指導數據，數據如果太少就無法順利學習。譬如說學習過六十萬場棋局後，圍棋和將棋的能力就會提升。對人類而言，會因為減少學習量而感到開心，但是 AI 卻相反。因此對 AI 設計者來說，該如何準備充足的學習資料，則依然是很艱難的問題。

尤其在藝術領域，除了面對學習資料量的問題以外，還有設計出如何判斷美感或樂趣的主觀性問題。

圍棋和將棋的比賽勝負是顯而易見的，甚至能在對戰時就能看得出來哪一方占優勢，但是如果是創作俳句的話，AI 不僅能夠判斷俳句是否符合規則，也能分辨這個作品的好壞，甚至分析這是屬於趣味風格、典雅風格的哪一種類型。

這是因為每個人認定的趣味及感動的事物都不一樣，而且人類無法斷定每個人的感受是正確的。此外人類也很難用言語去分析成數據，是哪裡有趣或是讓自己覺得感動的理由。所以這些個人觀點都不容易教導 AI 學習，人類對於沒有明確定義或是無法釐清價值的內容，便難以將 AI 運用於涉及趣味、美麗、感動等事物的藝術領域中，現階段 AI 只能說是設計到一半而已。

AI 冒險學習地圖

請翻至第145頁　路徑 D

再往北邊前進吧！

獲得 **1 pt**

12-2　AI 能寫小說嗎？

　　雖然 AI 現階段還很難理解美麗、有趣、心情好等主觀事物的感受，但是就如同「一種米養百種人」、「人各有所好」這些形容，人類對於漂亮、好玩的定義都有所不同，就像是我也無法順利解釋「為什麼我會在意某件事情」一樣。

　　人類全盤看待事物的觀點和直覺也是如此，不明白這些主觀的感受及想法是如何產生的，當我們指導 AI 必須透過數字來溝通，但是連人類都還不太理解的情緒該如何透過數字來傳達，這真是非常困難的問題。

　　人們對於 AI 抱著高度的興趣與期待，像是 AI 能夠活躍於藝術領域嗎？可以畫出漫畫嗎？會寫小說嗎？會畫畫嗎？可以作曲嗎？

　　以結論來說，我們可以說 AI 的模仿變強了。近年來，仿真人創作撰寫的技術出現了很大的進步。AI 模仿的不只是繪畫，還有寫作和音樂。儘管 AI 本身不清楚自己模仿的是什麼，但它仍舊努力學習能夠完美模仿的方法。

　　手塚治虫的漫畫新作（！），即是 AI 和人類攜手合作共同創作的「TEZUKA2020」專案。

這幅畫的精髓該如何
讓 AI 知道呢……

雖然如此，AI 負責的仍舊只是漫畫製作工作中的一小部分而已。具體來說，AI 會大量閱讀手塚治虫的漫畫作品，然後從漫畫中找出關鍵字，並且參考手塚治虫以往畫過的漫畫角色，創造出彷彿是手塚治虫親手所畫的角色。人類再從 AI 創作出來的大量角色中進行挑選，最後由漫畫家進行修改。由於 AI 目前還沒辦法創建出整個故事，因此所做的工作是產生成為故事關鍵的關鍵字。

其他還有「星新一賞」的 SF 短文（SF 短篇小說）競賽，運用 AI 創作出來的作品投稿後，差一點點入圍最終決賽的例子，以及由函館未來大學教授的松原仁教授主導的「我是作家」的計畫。AI 雖然還不能夠寫出整部小說，但已經進展到能夠創造出小說的框架，然後再由人類做「最後修飾」的地步了。

對整個社會知識必須有廣泛的了解，才能下筆撰寫這點，是 AI 難以撰寫小說的原因。舉例來說 AI 能夠寫出「下著毛毛雨」這樣的句子，來形容雨天的狀態。假設場景設定是主角待在家中，但是 AI 如果不知道室內不會下雨，這種人類連想都不用想的基本常識，則將有可能寫出「今天下雨天，一整天都待在家裡，毛毛雨不停打在我的頭頂上⋯⋯」這樣的句子。

　　所以說，我們需要教導 AI 各種基本常識，否則 AI 即使再怎麼閱讀大量的小說、模仿文筆，寫出來的內容就會很奇怪，甚至於寫出現實世界中永遠不會發生的事情。這些因為 AI 沒有學過基本常識，所以它無法知道撰寫出來的內容是否正確。

第 13 章

未來的 AI 和人類

13-1 持續發展的 AI 所帶來的挑戰

　　目前為止篇章所提過的，AI 是一種非常便捷的「工具」，讓人類的生活更加豐富、方便與安全，可是 AI 同時也因為這樣而具有危險性。像是目前大眾認為最有困擾的假新聞 (Fake news)，「Fake」的意思便是「偽造」，現今我們已經難以立即辨識出螢幕上的演員是真人還是 AI 創建的 CG 圖像，AI 看起來不僅跟真人沒兩樣，甚至可以模仿聲音。令人恐懼的是連說話的習慣都能完美的呈現，除此之外動作、聲音、演唱風格等都能模仿，並且輕鬆的製作出一部看起來像真人對話的影片或歌曲影片。

這句話真的是這個人說的嗎？

我想讓功課從世界上消失。

實際在 NHK 的《NHK 特集》的節目企畫中，嘗試過利用美空雲雀生前的音檔數據，創建一位聲音與美空雲雀相似的「AI 美空雲雀」，並且還演唱了新歌。

曾經也有網路上流傳的美國前總統歐巴馬的偽造影片，因此引發了巨大的爭議。雖然現在仔細去觀察就能知道這段影片是真的還是假的，但畢竟調查需要花費一定的時間，因此這將會為一個新問題。

假設在選舉的前一週，有一條假新聞聲稱「這位候選人過去曾發表過惡劣的言論」，當選民試圖查明這條新聞的真實度，將有可能因此錯過投票的時間。又假設這是條假新聞，那麼這位候選人將只能眼睜睜的看著投票日接近，卻無法證明自己的清白並且承受著「我們不能把票投給他」的社會輿論，甚至可能因而落選，因此可能會讓社會秩序變得非常危險。

不過世界上新的、便捷的全新技術，通常剛開始會引發一些問題。以常見的菜刀為例，菜刀對烹飪料理來說，是非常好用的工具，但是它也可以成為一種傷人或殺人的武器。因此方便的工具同時可以是有用卻又危險的，而 AI 現階段正是如此。

對人們來說 AI 是一個非常有用的工具，但同時如果使用者的使用方法是存有惡意的，那麼它就可能成為一個可怕的工具。這裡我並不是要過度警告，而是希望讀者都能夠意識到，AI 也存在可能導致危險的用法。

另外與 AI 有關的問題中，最常談論到的爭議還有「AI 是否會取代人類工作」，未來 AI 確實能夠取代人類越來越多的工作。不過這並不代表人類的工作將會因此而消失。

隨著 AI 的普及化，將會出現過去從未有過的服務（工作），因此我們可以說在人類的工作被 AI 取代的同時，人類的工作同時也隨之增加，而且增加的數量將會大於減少的工作量。例如在網路發達後，電子看板取代了傳單等傳統式的廣告方式；信件和明信片的聯繫方式變成了電子郵件；上網就能買書，不僅不必特地去書店，書店的數量也大幅減少了，這麼看確實有許多工作型態因為網路興起而遭到淘汰，甚至面臨縮編或消失的狀態。

第 13 章　未來的 AI 和人類

　　時代因此演變成能在網路上購買任何東西的便利，人類隨時可以立即下載想閱讀的小說、漫畫、音樂和電影；也可以不用擔心店家營業的時間；與人分享覺得有趣的事情也變得更加簡單，甚至於網紅、YouTuber 等新興的職業也隨之誕生。即使你的手中沒有很多資金也能夠在網路上開店，或是人人都可以創作小說、漫畫，還能低門檻的展現在大家的面前，甚至還可以因此遇到來自全球各地的買家出資購買，反而讓新人增加了更多的機會。

　　類似這樣網路的發展，創造出的就業機會比消失的工作還多，人們能夠做的、能夠享受的事情也變多了。AI 似乎也可以這麼說，雖然某些工作會因 AI 的興起而消失，但是應該也開始出現過去我們從未思考過的全新型態工作。

AI 冒險學習地圖

看起來還能繼續往西邊前進，太棒了！

路徑 D
請翻至第50頁

獲得 1pt
總計 3pt

13-2 邁向個人化 AI

　　一直以來開發商品時，人類都認為盡量製作出讓大眾接受的商品，就是最好的方式，透過最大公約數的製造方法，大量生產大量銷售是最好的商業模式。但是對使用者來說，即使努力找到適合自己的商品，仍不免會出現「喜歡是喜歡，但就是有一點不合用的地方」的想法，覺得市面上的商品都無法滿足自己的需求。這些商品就是為了「盡量迎合大多數人的喜好」而設計的，消費者因此也只能默默接受不太合用的地方了。

　　AI 的活躍或許能夠改變這類的商業模式，即使現在我們不可能依據每個人的喜好創造出客製化的商品，但是目前也有訂製、客製等，專門為某個人製作的商品，像是高級訂製服飾或房子。不過需要大量生產的商品因為受限於工廠的設備，所以尚未能夠滿足個人化的要求。

　　運用 AI 或許能了解個人的需求，並且將其反映在商品和服務中，現行也是購物網站開始出現向客戶推薦合適的商品，將商品的顏色改成討喜的顏色、增加選項、讓客戶能夠自由搭配組合等的服務。

　　未來當你打開電視時，就會有人幫你選好你喜歡的節目，或是收到一份報紙，上面只記載你感興趣的內容；家電用品可以根據你當時

的身體狀態來設計晚餐的餐點、無人機配合食譜運送食材給你、餐廳做好餐點後直接送達到你手上、能夠買到或是租借客製化的冬裝，或是提供完全吻合個人喜好的商品和服務。相對在提供商品和服務的人，也可以客製化量身定製的商品和服務，因此減少大量生產相同的商品或服務，透過 AI 將能夠預測製造、創造出生產線的合理化以及降低成本。

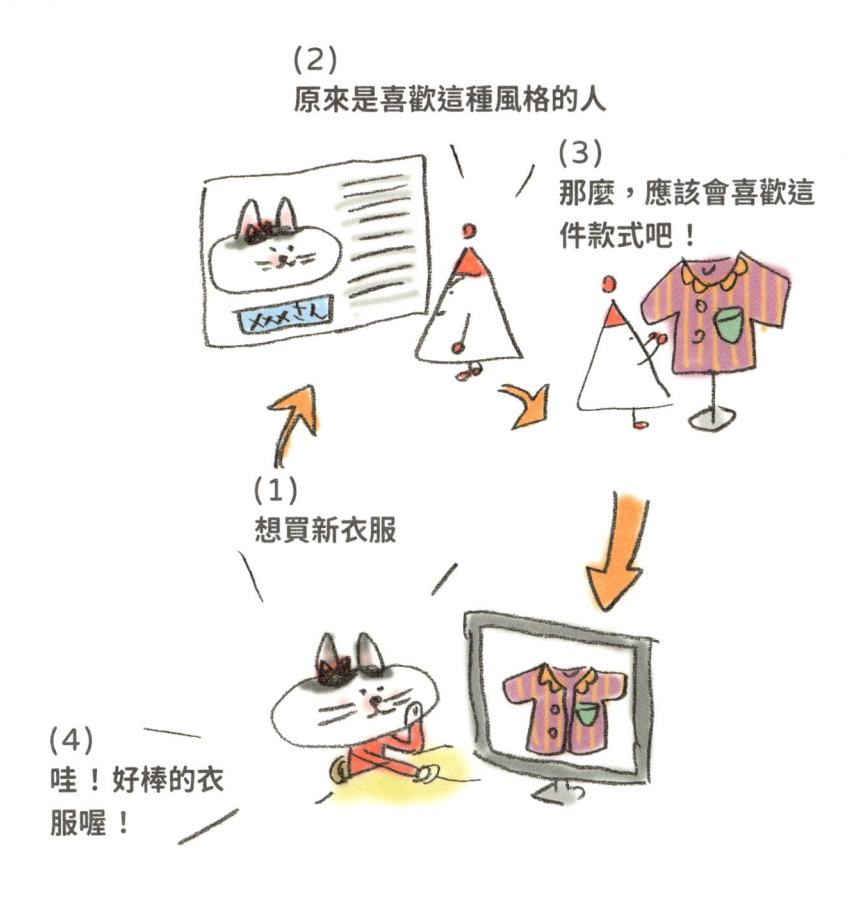

(2) 原來是喜歡這種風格的人

(3) 那麼，應該會喜歡這件款式吧！

(1) 想買新衣服

(4) 哇！好棒的衣服喔！

遊戲設計也是如此,未來或許會發生即使和朋友買的是同一款遊戲,但兩個人遊戲內容卻完全不同的情況。或許一開始的起點是一樣的,但隨著遊戲的進行,遊戲 AI 會根據玩家的技巧、對遊戲的熱衷程度,以及配合玩家的喜好不斷調整、逐步改變遊戲的難易度、遊戲任務的內容、登場的怪物和角色的態度、對話內容(遊戲業稱之為 Meta AI)。

AI 與周圍相關的技術一旦進步了,向每個人提供相同的商品和服務的方式,將可能轉變為根據每個人的品味與喜好,客製化制定出商品和服務的趨勢。

第 14 章

為什麼我們必須了解 AI 呢?

14-1 更進一步了解 AI 吧！

終於來到最後一章了，到目前為止，我已向大家介紹過 AI 能夠做的事、運用 AI 如何改變世界、AI 會帶來什麼便利性以及帶來什麼樣的風險。在這邊我想向大家再次說明，人類需要更正確理解 AI 的理由，並以此作為本書的總結。

AI 每天不斷的進步，儘管能夠運用的領域有限，AI 有時候提供的答案卻比人類的答案更加正確，並且也有越來越多人們認為 AI 做出的決策是正確的。另一方面，由於 AI 本身無法順利的向人類解釋自身的想法以及做出決策的方式，所以我們無從得知 AI 的想法及決策是如何產生的。這部分的原因主要來自於 AI 模型的數學結構問題，它屬於一種難以解決的根本問題，因此，讓 AI 變得越來越神秘（就像黑盒子一樣），這對 AI 的發展來說，形成了一個很大的遺憾。

未來 AI 做出的決策比人類更準確的案例將會越來越多，然而 AI 若沒有告訴我們它的想法、做出決策的方式，人類將永遠無法學習，而且人類如果沒有反省或理解，就無法繼續進步，最後就會演變成人類只依賴 AI 做決策的地步，這將會是一件非常危險的事，因為當 AI 做出錯誤的判斷時，人類將很難意識並判斷錯誤。

第 14 章　為什麼我們必須了解 AI 呢？

　　AI 好不容易能夠擁有比人類更完美的想法，如果能夠告訴我們這樣的思考邏輯，相信人類也能夠跟著進步。傳統的 AI 在這部分，已經完全變成一個黑盒子，結構上變成無法與人類交談的型態。但是現在人類已經開始研究，並且創造一套能夠讓人類了解 AI 做出決策原理的系統。

　　人類為什麼需要了解 AI 呢？因為未來我們將不再只是在人類與 AI 兩者之間做選擇，而是將 AI 視為支援者、顧問相談的角色，讓它成為人類的助手，與人類在各個領域中攜手合作。

例如在第八章-AI與醫療的內容中提到了，就算由 AI 提供最新的藥物、診斷方法、X 光影像檢查等的資訊給醫生，最終決定疾病治療方法的人還是人類的醫生。畢竟人類擁有 AI 永遠無法具備的直覺和大局觀，這類不可思議的感覺。雖然這些感受無法好好的用言語來解釋，但卻可以成為非常重要的想法及判斷。精準又快速大量獲取及提供最新資訊的 AI 與結合這些資訊做出統合決策的人類，將在任何領域中相互成為重要的角色。

我們必須徹底了解與我們成為夥伴的 AI，以利未來和 AI 之間的互動關係，擺脫「AI 擁有奇特的思維、AI 應該能做任何事」的錯誤偏見，轉而了解 AI 能做與不能做的事情有哪些、依據使用方式分別會帶來什麼樣的危險、AI 比人類優秀的點在哪裡，以及人類比 AI 更加擅長的事物是什麼也很重要。透過正確的理解，我們只要委託 AI 去做適合委託它們的事情，然後自己（人類）去做只有人類能做的事，這樣的模式將是未來我們與 AI 互動的方式。

現在閱讀這本書的每個人，當你們都成為成年人時，無庸置疑的，本書中所談到的「未來」將成為「現實」，對於未來與 AI 間的互動，如果這本書能夠為你帶來幫助，哪怕只有一點點也好，我都會感到非常榮幸。

第 14 章 為什麼我們必須了解 AI 呢？

請多多指教，我的夥伴！

187

一起來體驗 AI 的學習方法吧！

感謝你看完了這本書。最後，我希望大家也能體驗一下 AI 的學習方法。實際的 AI 學習，必須透過電腦計算複雜的算式後才能進行，但我們不用跟著這樣做。

在這裡，只是讓自己親身體驗一下 AI 的學習。我們要體驗的是「強化學習」AI 模型的學習方法。請你回想一下，「強化學習」是先隨機的嘗試一些事情，然後捨棄進展不順利的部分，只記住進展順利的部分，並且透過不斷的反覆試驗、摸索的方式找出正確答案來學習的 AI 模型。我希望你能體驗一下這樣的學習過程。

一起尋找寶藏之路吧！

我想到了一個有點像遊戲的題目。
題目是「一起尋找寶藏之路吧！」。

首先是練習。
現在，每個人都有一張顯示寶藏位置的地圖，請稍微看一下地圖。
這張地圖上畫了寶藏的位置與尋寶的路徑。因為是練習題，所以這張地圖非常簡單。我們可以看到，從起點往南前進，然後再往東前

進就可以抵達寶藏的位置了。

但是,每條路徑上都有一個「?」的標記,標有「?」記號的路徑是一條不知道能否通行的路徑。你必須實際走到那裡才能知道這些路是一條死胡同,還是能夠通過的路。一開始,你將不會知道該走哪一條路,只能悶著頭往前走,然後根據不斷重複前進或是遇到死路往回走的經驗,一步一步的抵達寶藏的位置。這就是「強化學習」的基礎學習方法。

現在,我們來實際練習一下吧!
請翻至第 8 頁。
頁底有一張地圖,請從這張地圖開始你的冒險!

練習地圖在第 1 章就結束了。體驗過練習地圖後,請從第 27 頁的正式地圖開始,展開挑戰吧!

後記

　　在預測人工智慧的未來時，有人說人工智慧還需要很長時間才能畫畫或寫故事。這是因為人們認為人工智慧不擅長藝術和文學等任務。然而與人們的普遍預期相反，能夠畫畫、寫故事、製作影片、與人交談的所謂「生成式人工智慧」卻是目前發展最活躍的領域，幾乎每天都有新技術發布。如今，科技已經發展到很難區分某些事物是人類創造的還是人工智慧創造的。

　　人工智慧正在從一個「工具」進化為一個創造者。

　　不過，我認為沒有必要擔心人工智慧會搶走人們的工作。無論何時你想畫一幅畫、寫一個句子、創作一首歌、製作一部動畫，人工智慧都會成為你可靠的夥伴，幫助你實現這些目標。我們將生活在一個人類與人工智慧共同生活、互相幫助的新時代。

2025 年 吉日

作者簡介

森川幸人（もりかわ　ゆきひと）

岐阜縣出身，筑波大學藝術專門學院畢業。
AI 遊戲設計者、遊戲策劃者、平面設計師。
2017 年成立專業 AI 遊戲開發公司 -Morikatron Co., Ltd. 並擔任公司代表董事。
另為筑波大學兼任講師、東京國際工業專門大學兼任講師。
相關作品與事蹟有 (以下中文書名為暫譯)：
2004 年《熊之歌》』獲選文化廳媒體藝術節評審推薦獎。
2011 年，《努卡卡的結婚》獲選第一屆達文西電子圖書獎大獎。
其他著作有：《火柴盒的大腦》、《泰羅梅爾的帽子》、《努卡卡的結婚》、《伊歐的黑球》、《看圖就懂：AI 人工智慧》、《圖解 AI 入門》(共同著作)、《我們的 AI 導論》。

知識館 0034

圖解10歲就懂的AI入門
絵でわかる10才からのAI入門

作　　　者	森川幸人
譯　　　者	周子琪
責任編輯	蔡宜娟
語文審訂	林于靖（臺北市石牌國小退休教師）
專業審訂	邱怡雯（宜蘭縣蘇澳國小教師）
封面設計	張天薪
內頁排版	連紫吟・曹任華

出版發行	采實文化事業股份有限公司
童書行銷	張敏莉・張詠涓
業務發行	張世明・林踏欣・林坤蓉・王貞玉
國際版權	劉靜茹
印務採購	曾玉霞
會計行政	許俽瑀・李韶婉・張婕莛
法律顧問	第一國際法律事務所　余淑杏律師
電子信箱	acme@acmebook.com.tw
采實官網	www.acmebook.com.tw
采實臉書	www.facebook.com/acmebook01
采實童書粉絲團	www.facebook.com/acmestory

I S B N	9786263499140
定　　　價	380元
初版一刷	2025 年 3 月
劃撥帳號	50148859
劃撥戶名	采實文化事業股份有限公司
	104台北市中山區南京東路二段95號9樓
	電話：(02)2511-9798　傳真：(02)2571-3298

E DE WAKARU 10SAI KARANO AI NYUMON
© YUKIHITO MORIKAWA 2022
Originally published in Japan in 2022 by JAM HOUSE CO., LTD.
Traditional Chinese Characters translation rights arranged with JAM HOUSE CO., LTD.
through TOHAN CORPORATION, TOKYO.

國家圖書館出版品預行編目資料

圖解 10 歲就懂的 AI 入門 / 森川幸人作 ; 周子琪譯 . -- 初版 .
-- 臺北市 : 采實文化事業股份有限公司 , 2025.03
192 面 ; 14.8×21 公分 . -- (知識館 ; 34)
譯自 : 絵でわかる 10 才からの AI 入門
ISBN 978-626-349-914-0 (平裝)

1.CST: 人工智慧 2.CST: 通俗作品

312.83　　　　　　　　　　　　　　114000557

線上讀者回函

立即掃描 QR Code 或輸入下方網址，
連結采實文化線上讀者回函，未來
會不定期寄送書訊、活動消息，並有
機會免費參加抽獎活動。
https://bit.ly/37oKZEa

版權所有，未經同意不得
重製、轉載、翻印